让坏情绪不再纠缠你

强麟 编著

U0838462

中国商业出版社

图书在版编目（CIP）数据

让坏情绪不再纠缠你／强麟编著. —北京：中国商业出版社，2016.9

ISBN 978-7-5044-9599-0

Ⅰ. ①让… Ⅱ. ①强… Ⅲ. ①情绪状态—自我控制—通俗读物 Ⅳ. ① B842.6-49

中国版本图书馆 CIP 数据核字 (2016) 第 231192 号

责任编辑：武文胜

中国商业出版社出版发行

010-63180647　www.c-cbook.com

(100053　北京广安门内报国寺 1 号)

新华书店总店北京发行所经销

北京中印联印务有限公司

★　★　★　★　★

710×1000 毫米　1/16　15 印张　190 千字

2017 年 1 月第 1 版　2017 年 1 月第 1 次印刷

定价：36.00 元

★　★　★　★

（如有印刷质量问题可更换）

前言
Preface

对于当下的很多人来说，无法恰当地调整自己的情绪，已经成为困扰我们生活的最大难题之一。

随着自媒体的不断发展，我们的微博和朋友圈每天都在以惊人的速度不断更新着。那些美不胜收的旅途风景，那些令人垂涎的精致美食，那些高雅小资的品质生活，一张张精美炫目的晒图在为我们赢得更多关注和“点赞”的同时，也让我们的虚荣心得到了空前的满足。

可是，热闹浮夸的生活表象终究无法掩盖空虚无助的内心，“我不快乐”才是现代人心灵深处最真实和残酷的写照。眼看着账户里的存款越来越多，可生活中的幸福感却越来越少，每天被坏情绪纠缠着，甚至会有一种生不如死的感觉。

如果去深究那些让我们不快乐的原因就不难发现，其实生活里并没有太过糟糕的事情发生，困扰我们的不过都是一些生活的琐碎：孩子上学以后越来越不听话，夫妻之间感情的交流越来越少，本该属于自己的升职机会却给了其他同事，梦想多年的豪宅却始终买不起等等。

我们没有理由哀叹生活的不幸，也没有资格抱怨上帝的不公。因为和那些家庭破碎、身患重疾、屡遭打击的人相比，我们当中绝大多数人都是幸运的。我们有着健康的身体，温暖的家庭，稳定的工作，不曾品尝过颠沛流离之苦，也不必等到耄耋之年才有机会把自己的理想变为现实。我们之所以不快乐，之所以被坏情绪纠缠，就是因为我们缺乏情绪调整的能力，缺少积极乐观的心态。正如肯德基创始人哈兰·山德士说的那样："人们经常抱怨天气不好，实际上并不是天气不好。只要自己有乐观自信的心情，天天都是好天气。"

那么，困扰我们的坏情绪究竟有哪些？

对于那些不必要的事物，我们该如何放下执念？

当痛苦来袭时，如何换个角度来看待我们的人生？

有哪些方式可以缓解工作和生活中的压力？

开阔的心胸是不是化解矛盾和纷争的良药？

怎样才能让我们的生活洒满温暖和希望的阳光？

我们该以怎样的态度去面对人生中的得失与成败？

想要幸福快乐的生活，是要求得上天的眷顾，还是要靠我们自己去争取？

能够从这些问题中得到怎样的启示，是决定我们能否快乐生活的关键。本书共分为八章，分别从坏情绪的探究、自我情绪的调适、固有思维模式的改变、生活压力的疏导等不同方面对上述问题进行了论述。全书语言简洁明快、寓意深刻，案例生动活泼、发人深省。让读者轻松惬意地通读全篇的同时，能够从字里行间中得到许多有益的启示，从而掌握摆脱坏情绪的方法，提升感受幸福的能力，并引发对生活和生命新的思考。

目录
Contents

第一章　到底哪些坏情绪纠缠了你

第二章 放下执念，何苦自己为难自己

第三章 改变自我，用新姿态驱赶坏情绪

第四章　化压力为动力，生活更绚丽多姿

第五章　用包容这把钥匙打开心灵的枷锁

第六章　心向阳光，生活的阴霾就一扫而光

第七章　天行有道，一切顺其自然就好

第八章　主宰自己的命运，让坏情绪彻底远离

第一章 到底哪些坏情绪纠缠了你

马克·吐温说："谁没有蘸着眼泪吃过面包，谁就不懂得什么叫生活。"苦乐悲欢，成败荣辱，都是生命中不可或缺的组成部分。面对现实，我们总有太多烦恼和困惑；面对苦难，我们总有太多无奈与无助。现实无法改变，我们却可以改变自己的心情。认清纠缠你的坏情绪，积极乐观起来，才能够彻底摆脱坏情绪的纠缠。

生活变好了，我们为什么反而不快乐

人生短短几十载，我们奔波忙碌着，隐忍煎熬着。有一天，当我们终于过上梦寐以求的锦衣玉食生活，曾经为之殊死奋斗过的理想也化为现实。可是，我们那本该充满幸福的脸上却没有笑容，以前那单纯的快乐也已经荡然无存。生活的悲喜似乎再也激不起内心的半点涟漪，我们不禁要问：如今生活变好了，我们为什么反而不快乐呢？

曾记否，在那些依依走过的青葱岁月里，我们品尝过生活的清贫、艰辛与苦涩，也接受过上天最美好的恩赐与馈赠。我们曾为顶风冒雨赶上一场廉价电影而心存感激，为节衣缩食买到自己喜爱的明星球衣而欣喜若狂，会为疲于奔命和客户签下人生中第一笔订单而喜极而泣。那一刻，并不富有的生活让我们内心世界丰富多彩、跌宕起伏，让我们体味到心灵最深处的幸福与快乐。

时光荏苒，岁月的痕迹悄悄爬上了脸庞。我们贪婪地收获着越来越多的财富与荣耀，渐渐丢弃的却是年轻时的朝气和那份快乐心灵体验。如今，我们和老朋友相聚时，听到的抱怨大都是为自己工作和生意发愁，为孩子学业和前途而担忧，或是为生活单调乏味而万分苦恼。那些人住着豪宅，开着豪车，出入高档酒店和写字楼，可这份足以让人艳羡的光鲜却没换来好心情。

如果苦闷是成长必须付出的代价，那么人生的意义到底是什么，拼搏奋斗的意义又在哪里呢?

美国有一个富翁，虽然坐拥上亿资产，却总觉得生活里少点什么。财富不仅没有给他带来快乐，反而让他在抑郁的阴霾中备受煎熬。于是，他去找心理咨询师。

咨询师耐心倾听着他的倾诉，脸上时而露出神秘的笑容。最后，咨询师建议他暂时放下生意，每天花时间去帮助身边的人，无论是家人，还是陌生人。

富翁接受了建议，回去以后就放下工作，走上街头做义工。他每天向行人派发公益传单。当地教堂、福利院甚至街边的流浪汉都得到了他许多资助。

两个月以后，他对咨询师谈起这段时间以来的感受：当走出原来的生活，愿意把更多时间和精力用来为他人服务时，他竟体验到了一种前所未有的满足和喜悦。

英国诗人弥尔顿在《失乐园》里写道："意识本身可以把地狱造就成天堂，也能把天堂折腾成地狱。"所以，让我们不快乐的原因并非生活本身，而是我们面对生活的态度，是我们总跟自己过不去。

得不到的总想去争取，得到了又整天担心失去。面对现实，我们总有太多无奈，而坦然接受"无奈"恰恰是生活的一部分——即使不能得到更多财富，至少还有一个完满的家庭；即便一段感情不幸夭折，但只要有希望，就能迎来下一段美好旅程；即便生活过得平淡，但安静下来去好好体味生命里的莺歌燕语、花团锦簇，也未尝不是一件美事。

20 世纪最伟大成功学大师卡耐基曾经讲过这样一个故事：

有一位女性朋友，生活对她似乎并不公平。因为经济不景气，她和丈夫经营的商店倒闭，而且欠了一大笔债。为了还债，她不得不去从事那些最辛苦的工作。为照顾家庭，一个曾经美丽的贵妇转眼间变成了脸上爬满皱纹的老妇人。

她用整整7年时间才把欠款还清，而生活依旧清贫。让卡耐基惊讶的是，生活的磨难不仅没有让她消沉，看上去似乎比做老板娘时还要快乐幸福。

在她看来，她每天都在做快乐的事。她身体健康，有美好的家庭，有个可爱的女儿，还有着比较稳定的工作，这一切对她来说已经足够了，这就是她生命里最珍贵的财富。

其实，每天多去想一些快乐的事，生活就真的会快乐起来。既然生活里的很多事我们无力改变，那就不必杞人忧天或太过计较，拥有的就好好珍惜，失去的就听之任之，生活里从来没有过不去的坎儿，有些事尽力也就心安了，何必太在乎结果。

计较少了，快乐也就多了。悲喜得失不过一念之间，我们总是死盯着那些烦恼，自然就发现不到身边的美好，要善待自己，不要和自己较劲。有人说，生活是一壶琐碎，我们要盛进欢喜，倒出烦忧，用一份轻松心情去找回曾经那个快乐的自己。

【让坏情绪不再纠缠你】

法国思想家罗曼·罗兰说：“一个人如能让自己经常维持像孩子一般纯洁的心灵，用乐观的心情做事，用善良的心肠待人，光明坦诚，他的人生一定比别人快乐得多。”如果我们能够以简单纯粹的心去面对生活，那么拥有快乐就会比想像中的容易得多。

“成功”的重压有破坏一切的力量

“日日深杯满怀，朝朝小圃花开，自歌自舞自开怀，无拘无束无碍。”随着生活节奏愈发加快，这轻松惬意的生活状态已经成为奢望。我们不得不一边肩负着沉重的负担，一边不断地加快脚步，以免跟不上时代的节拍。沉重的压力，让我们抬不起头、喘不过气，哪里还有空闲去欣赏生活的美。

我们的生活在发生着日新月异的变化，随之而来的问题也不得不引起关注。各种心理疾病已经成为新的“流行时尚”，国内知名企业频发的跳楼事件和娱乐明星的吸毒丑闻已经不再是人们饭后茶余八卦的热点，仅 2016 年上半年，因积劳成疾而英年早逝的知名媒体人就达 8 人之多。这一桩桩本不该成为悲剧的现实充分说明，心理压力不仅在摧残着我们的内心和健康，甚至毁掉了我们的生活。

麦克是一位软件公司经理。他享受着高薪，住着高档公寓。为了紧跟行业最新潮流，为了不让自己公司在竞争中被淘汰，他每天都工作到深夜，强迫自己每个季度都推出一款创新产品的设计方案。

随着 IT 产业竞争加剧，公司业绩开始出现下滑，越来越多员工选择了离职。为了保住公司，为了让家人继续过好生活，麦克不得不在工作上投入更多心血和精力。从产品设计研发到后期市场推广各个环节，他都要亲力亲为地参与其中。他每周工作 60 小时以上已经是家常便饭。因为缺勤严重，野外登山俱乐部也不得不将他这个曾经的主力除名。

沉重的压力最终将他压垮。身心俱疲的麦克患上了严重的焦虑症。祸不单行的是，由于长期缺乏关爱，妻子向他提出了离婚，并带着孩子搬到了另外的城市去生活。而更令他绝望的是，不管他如何拼命努力，公司的业绩还是没有好转，最终不得不宣布破产……

对于现在大多数人，特别是身在异地打拼的精英们来说，他们有着与麦克相同的经历与遭遇。他们或许正面临着各种考试，或许正经受着就业压力考验，又或是正在为激烈市场竞争、繁重的工作、遥不可及的房价和无力负担的生活成本而无所适从、唉声叹气。他们不得不默默咽下所有苦水，忍受着巨大痛苦，以一种极为沉重的心境和姿态苦苦支撑着。

但是否想过，以牺牲自己健康、完整家庭和美好生活为代价，换来那些所谓的成就到底有什么意义？即便你能顶住压力熬到出人头地那一天，但没有好心情和强健体魄，没有家人和朋友的温暖陪伴，也没有绚丽多彩丰富充实的生活内涵。这样的结局是梦寐以求的吗？

其实，生活的压力无处不在，关键在于我们以怎样的态度去面对。适度的紧张能让我们保持奋斗活力和前进动力，但如果弓拉得太满就注定会有弦断的那一天。钱永远挣不够，工作也永远做不完，给自己强加太多沉重，不仅没有任何帮助，反而会适得其反。既然如此，我们不如让自己放轻松，去享受那些来自于生活的挑战。

有一位旅行家只身一人到南美洲原始森林去探险。由于对当地的地理环境陌生，他在森林里迷了路，正好遇到两个印第安人，便邀请他们做向导。

在两个向导帮助下，旅行家躲过了危险的沼泽地和凶猛的野兽。经历三天艰苦跋涉后，他们终于接近了森林边缘。可是，到第四天时，两个印第安向导坐在地上沉思了起来，一动不肯动。旅行家非常焦急，恨不得一步跨出这座噩梦般的森林，便向他们询问原因。

印第安向导不紧不慢地说：“我们族人有一个约定俗成的规矩，奔波旅行三天以后，必须休息一天，只有这样才能让灵魂追上我们的脚步。”

我们之所以为压力感到痛苦，是因为总是一味地向前行而没有停下来去梳理自己的心情，也没时间去发现和欣赏身边美好风景。我们不惧怕挑战，也不逃避压力，只是应该以更放松的心态去为生活打拼，应该更加关爱自己的内心世界，让沉重的压力不再成为禁锢心灵的枷锁。

【让坏情绪不再纠缠你】

美国著名心理学家霍兰德说：“工作的价值不仅是获得金钱、地位与荣誉，它的价值还在于使你满足自己的兴趣，获得内心的愉悦。”所以，如果你能够愉悦地去接受各种挑战，即使再艰难的生活、再沉重的压力，也一定不会伤害到你。

活在过去的人永远看不到希望

昨日再好的阳光，也晒不干今天晾的衣裳；昨日再大的暴雨，也淋不湿今天穿的鞋子。往事总是如烟，无论是美好的过往，还是痛苦的经历，过去的事终究已经过去。那曾有的喜悦或悲伤、成功或失败，只能代表过去，却不再是今天的主题。如果深陷过往之中而不能自拔，则会让人丢了未来、失了希望。

回忆每个人都有，无论是甜蜜，还是酸楚，欢笑也好，惆怅也罢，过去的点滴已经在时间长河里与我们渐行渐远，而摆在眼前的现实却是柴米油盐和生活的负累。

有人说，走出悲剧就是喜剧，走不出喜剧便成为悲剧。悲欢离合在我们的生命里交替上演。不管眼前的现实有多么不堪，我们都不应在以往的剧情中去寻求慰藉，不应从昔日的余温里汲取温暖。再残酷的现实也是当下的考题，再美好的记忆也只能留存在梦里。我们不要在过去中沉溺，不要让本来珍贵的经历成为今天痛苦的根源。

李景豪是台湾某大学数学专业高才生，在许多国际性数学竞赛中都取得过佳绩。一些媒体将他誉为“难得一见的数学奇才”。当地行政长官还亲自接见了他。

就是这样一个了不起的青年人，却在大学毕业后遇到了人生危机——他失恋了。本来开朗善谈的他几乎变成另外一个人，每天除了把自己反锁在房间里，就是在街上无所事事地游荡。看着电脑相册里那些曾经和女友一起时的美好瞬间，他总会不住地摇头叹息；听着女友曾经给他录制的甜蜜留言，他总是目光呆滞神情恍惚。每当路过他们曾经最喜欢的餐厅时，许多美好回忆像泉涌一样在他脑海中显现，眼泪便止不住地流淌下来。直到分手后很长时间里，他仍然每天穿着女友曾经送他的旧球鞋。

家人对他的现状感到担忧，并鼓励他应该去找一份工作，换一种心情。可他却认为，既然自己是“数学奇才”，找工作这种事自然是轻而易举的事。他想再休息两年，等心情好转后再考虑工作的事情。

可天不遂人愿，时过境迁之后，谁还会记得这个几年前的数学天才呢？当他因为生活压力不得不去找一份工作时，那些投给知名公司的简历如石沉大海，竟无一回复。这时，他变得更绝望，不仅因为失去恋情，还错过了人生机遇。

曾经的辉煌不能为人带来今天的收获，停留在往事悲歌的旋律里也只能换来人生更绝望的悲号。活在过去会断送人的前程，会扼杀人的天赋，会浇灭人的热情，会摧毁人快乐生活的能力。人生没有彩排，更不会重来。死死抓住过去不放的人，自然无法从阴影中解脱，也无法从经历的失败中汲取经验和教训，那么成功的希望自然与之无缘。

正因为如此，我们要试着将那些与现实无关的记忆抹去，即使再难，即使有那么多不舍，我们也应努力为现在而活，不必为这种改变感到担忧。因为，忘掉过去，才能戒掉逃避的习惯，才能赋予自己更大勇气去面对生活中的挑战。

《飞屋环游记》是一部非常感人的动画电影。故事讲述的是弗雷德和他爱人艾丽从年轻时就相知相守、朝夕相伴，在小木屋里共同度过几十个春秋的故事。

当艾丽去世后，深爱她的弗雷德一时无法接受现实，把自己锁在回忆里，不肯与其他人再有任何瓜葛。他保持着艾丽去世前的生活习惯，就连家具摆设都依旧是曾经的模样。他每天在家里自言自语，和脑海中的艾丽一同回忆着甜蜜的过往，如果有谁胆敢打扰他的生活，或是触碰小木屋周围的摆设，就会招来他恶语相向。于是，邻居都对他敬而远之。

为了保住那份回忆，他决定用成千上万个氢气球带着小木屋飞到南美洲的天堂瀑布，去实现他和艾丽共同的探险愿望。

在这个过程中，他认识了一个乐观的小男孩——罗素。罗素不仅帮不上什么忙，还经常破坏木屋中的陈设——这让弗雷德愤怒不已。可随着时间流逝，两人的友情愈发坚固。罗素的热情和乐观也在潜移默化地影响着孤僻的弗雷德。

直到后来，为了搭救罗素和他们的大鸟朋友凯文，弗雷德不得不把木屋中所有家具扔了出去，包括他和艾丽最喜欢的两把座椅。木屋最终被留在瀑布的悬崖边，像是弗雷德的回忆。

后来，他重新找到了生活的意义，和罗素以及动物伙伴们一起，在冰淇淋店门口大口吃着冰淇淋，快乐地聊着天……

人不能活在过去的时光里，逝去的是记忆，而生活却还在继续。与其封闭颓靡，不如让自己涅槃重生，用一种与以往不同的方式，翻开生活崭新的一页。

【让坏情绪不再纠缠你】

《功夫熊猫》有一段经典台词：昨天已经成为历史，明天还很神秘，只有今天才是一种恩赐，是我们唯一能把握的机遇。我们要为今天而活，要好好把握当下的命运。不要用过去的错误来惩罚自己，更不要让过往的经历继续折磨自己。

缺少呵护的感情会像花朵一样凋零

常言道，家和万事兴。一段段美好的爱情，一对对甜蜜的夫妻，一个个完整温暖的家庭，描绘出我们生活中最美好的画面，也是构成和谐社会最基本元素。但是，很多人却不懂得如何去维系自己的情感，对家庭生活的重要性也没有足够的认识。等到感情出了问题，他们不是唉声叹气，就是怨天尤人，或是听之任之，让自己在痛苦的漩涡里越陷越深。

很多人都会羡慕贝克汉姆和维多利亚那童话般的爱情——王子和公主不仅享受着幸福的家庭生活，在各自事业上也是如日中天：退役后的贝克汉姆甚至还曾担任中超联赛的形象大使，而贝嫂在时尚设计领域已经能够与LV等时尚大牌的设计师平起平坐。

如此看来，美好的感情是我们事业上收获成功的助力，而幸福的家庭生活也能够成为我们积蓄力量的温馨港湾。但是，有人的地方自然就会有矛盾，更何况是朝夕相处的伴侣。我们即便不能永远把家庭放在第一位，至少也应该投入更多精力去维系自己的感情，不要等危机爆发那一天，再显得手足无措。

卡尔是知名国际大公司的高层，一个高大挺拔的男人，却在情感专家面前流下了悲伤的眼泪。

他和妻子原本是大学同学。毕业后，两个人走进了婚礼的殿堂。起初的生活虽然不算富裕，但两个人携手打拼的岁月简单而又幸福。可随着卡尔职务的晋升，两人的矛盾也越来越多。

由于工作原因，卡尔在一年中有三分之二时间在外出差，两个人相聚的时间越来越少。就连妻子分娩当天，他也没能及时赶回来。妻子对他产生了不满，甚至怀疑他出轨，每次通电话，因为一点小事，两人都会吵得不可开交。

为了维护体面，他们在外人面前依然表现得恩爱有加。可是，卡尔却觉得他们之间的距离越来越大，照顾家庭的妻子根本体会不到他在外打拼的辛酸。回家之后，他也不愿再多说话，即便面对妻子无端的指责和莫须有的误会，也总是沉默不语。实在无法忍受了，他就独自出去喝酒，而等待他的自然是一场更激烈的战争。

他们为了孩子苦苦维持着家庭，但没想到女儿也出了状况。在他们又一次激烈吵架后，刚刚上小学的女儿哭着冲出了家门，不幸被驶过的小轿车撞倒在地。在抢救室门前，悲痛欲绝的妻子向卡尔提出了离婚……

这样一场悲剧正是由生活中一些不起眼的琐碎堆砌而成。他们用沉默代替沟通，用猜忌和争吵取代理解和信任。他们天真地以为，家庭矛盾不过是家长里短的小事，感情的纷争与纠葛也可以通过放任不管的方式来和平解决。殊不知，心里的伤痕不会那么轻易痊愈，而那些情感怨念却在不经意间慢慢积累，直到有一天将两个本来相爱的人推向崩溃边缘。

如果我们能始终像初恋那样精心呵护着彼此的感情，所有问题都能迎刃而解。不要让生活的蹉跎使我们忘却这份初心，更不要让我们亲手搭建起来的幸福小窝再让自己亲手埋葬。

苏莲娜是法国一家著名餐厅经理。事业有成的她非常注意工作与家庭的平衡关系。在她看来，如果家庭生活不幸福，事业再成功也没有意义。

她对自己在家庭和工作中的角色定义非常明确。在餐厅，她是雷厉风行、由不得半点马虎的职业经理人；在家里，她是一个称职的太太和母亲；而在其他时间里，她又是一个懂得享受生活的优质女人。她愿意付出更多来经营自己的家庭，不仅会照顾好先生的日常起居，还经常在晚上悄悄给爱人准备一顿浪漫的烛光晚餐。她还经常会安排很多丰富多彩的家庭活动，利用自己所有空余时间陪孩子一起玩耍。

不管一个人在社会上处于何种地位，家庭和感情生活都是最重要的依托，从这个层面来说，不管餐厅的经营效益如何，苏莲娜都是一个成功者。

让我们的感情始终保持新鲜状态，其实并不是一件难事。女人对男人要有多一分理解，男人对女人要有多一点关爱。彼此多为对方考虑，彼此都愿意为对方多付出一点。幸福也许就是一个理解的眼神，一句温暖的问候，就是临行前的拥抱和临睡前的轻吻。

【让坏情绪不再纠缠你】

著名影视明星郑凯说："两个人在一起所要面对的不仅仅是甜蜜的爱情，更多时候生活给予的难题牵绊着这份来之不易的感情。"既然来之不易，我们就更应该加倍珍惜，让这份感情始终保持着美好的状态，永远不要凋零。

患得患失，最终什么也得不到

人生不快乐，很多时候缘于我们内心患得患失。明明已经拥有很多，明明很好做的决定，我们却要浪费很多美好的时光去纠结、矫情和计较。人生不是一个数据明确、收支平衡的账单，得与失之间也没有明确界限。如果妄想自己不会有任何失去，那么也注定不会得到什么。

在《论语·阳货》中有这样一段话："鄙夫可与事君也与哉？其未得之也，患得之；既得之，患失之。苟患失之，无所不至矣。"它告诉我们，不能和品质不好的人一起共事，因为他们总是在权力、地位的得失之间反复纠结，为了不让自己有任何损失，他们什么事都干得出来。

在现实生活中，总会有这样一些人，做事情总是谨小慎微，做决定总是瞻前顾后。没有得到时，总想能够得到；得到了，又总是害怕失去。面对得失，斤斤计较，左顾右盼，吃着碗里的，想着锅里的，生怕自己有半点损失，什么好事都想独占。"足将进而趑趄，口将言而嗫嚅"，虽然说遇事考虑周详并没有错，但如果总是把得失看得太重，总是患得患失让自己处于两难的境地，就不仅会让别人对你敬而远之，也会让你一无所获。

查理是个有才华的服装设计师。但因为没有好机遇，他只得在一家很小的工作室工作。到国际知名企业去谋个职位，一直是他梦寐以求的。

通过不断努力，他的设计小样得到意大利米兰一家国际时装公司认可。对方表示愿意聘用他为助理设计师。可是，这样一个好机会，非但没让查理感到兴奋，反而让他陷入两难境地。

虽然到大公司上班能够开阔视野，他能接触到很多世界顶级设计师，对自己未来的发展大有益处，但是，在薪水收入方面却未必比现在的好。因为他是工作室的首席设计师，每签下一笔合同，都能得到相当可观的分成，仅此一项，就要比大公司职员每月固定的薪水丰厚很多。

经过考虑，他决定接受大公司的邀请，但同时在私下里继续为工作室设计图样。纸终究包不住火，查理的举动还是被公司察觉了——这不仅违反公司员工不能做兼职的规定，而且还存在泄露公司机密违背商业道德嫌疑，因为公司很多还未上市的设计样图与查理提供给工作室的非常类似。

最终，查理不仅丢掉工作，还接到了法院的传票。

人生常有得失，但不可患得患失。像查理一样的人，总是生活在左右为难的阴影里，让内心无法得到片刻安宁，最终做出一些得不偿失的傻事。我们总希望自己得到的越多越好，然而一个人的能力毕竟有限，什么都想得到就会什么也得不到。因此，我们不如让一些事顺其自然，拿得起来也能放得下去，即使做出的选择注定会失去些什么，但同时得到的也远比想像中的要多得多。

2016年欧洲杯有两支球队让人印象深刻：一支是传统强队克罗地亚队，一支便是从没在世界足坛崭露过头角的冰岛队。

在小组赛上，克罗地亚人流畅的中场配合，犀利的边路进攻，足以令每一个对手胆寒。球迷和媒体也对这支球队寄予了厚望。谁也没有想到，在 1/8 决赛中，克罗地亚队却因糟糕的表现败给了葡萄牙队。传球配合失误频频，后场防守漏洞百出，就连他们最擅长的边路快攻也鲜有上演。说到底，就是因为小组赛骄人的成绩和来自于周围的赞美让队员们背上了心理包袱——他们想赢又怕输，想进攻又怕丢球，想防守又守不住。最终，动荡的军心让他们遗憾出局。

而反观冰岛队，几乎各参赛球队都把他们当作鱼腩，没把他们放在眼里。就是这样一个从没参加过世界大赛的“鱼腩球队”，却在法兰西创造了一个又一个奇迹。

在评价他们的成功经验时，用到最多的一个词就是“不惧怕”。不管对手是谁，哪怕是一个队员的身价就足以超过整支冰岛的英格兰队，他们也要勇敢地与对手血拼到底。因为他们不怕输，因为他们只想赢，即便结果不如人意，拼到最后一口气力，冰岛队也能得到尊敬和掌声。

如果想快乐地生活，就不要在乎自己拥有的同时会失去什么；如果想创造辉煌，就不要有太多的顾及，心无旁骛地上路前行，向着自己的目标一直坚定地走下去。

【让坏情绪不再纠缠你】

德国著名哲学家叔本华说：“得与失是在痛苦与无聊、欲望与失望之间摇晃的钟摆，永远没有真正的满足，真正幸福的一天。”世事无常，何必浪费大好的年华为那无所谓的得失萦挂于怀呢？真正的幸福不是得到更多，而是知道满足。

面对充满诱惑的世界，你是否无所适从

我们总要面对很多诱惑，特别是在物质生活极其丰富的今天，或是令人垂涎的美食，或是奢华昂贵的衣饰，或是高高在上的权力，或是丰厚无比的财富。在各种诱惑面前，有的人忘记了初衷，有的人放下了尊严，还有的人摒弃了操守，甘心沦为诱惑的奴隶。

媒体曾经报道过这样一个令人痛心的事情：一位北京著名大学法律硕士，以其优异的学业成绩和突出的工作表现，毕业后仅用了很短时间就被破格提拔为学校党政办公室主任。但令所有人失望的是，他没有成长为一名优秀干部，反而在一年之后开始利用职务之便侵吞公款。不到三年时间里，他先后挪用公款 36 次，共计 300 余万元。

我们不禁要问，是什么让这样一位青年才俊堕落得如此迅速？究其原因还是很多人，特别是年轻人，在面对各种诱惑时，缺少自律的节制，缺乏洁身自好的品格，摇摆的心性很容易受到不良之风感染，最终走上歧途。

你是否有过这样的经历，当你想认真读一本书时，却往往抵御不住手机的诱惑，书还没翻上几页便拿起手机玩起了游戏；当你决定参加晨跑锻炼身体时，却往往抵御不住那被窝温暖的诱惑，闹铃响了 N 次仍不肯起床，不得不放弃锻炼的念头；当你想踏实做一份工作时，却又难以抵挡那些投机取巧之人的诱惑，于是放弃原本安静舒心的生活，参与到一些非法的勾当之中，最后落了个身败名裂的下场。

约克曾经是一名洗车工。他起早贪黑，靠着自己勤劳的双手，用五年时间攒下了十几万美元。

有了钱的约克开始浮躁起来，特别是每当有豪华跑车开进店里时，他的内心总是既嫉妒又苦涩。他总想着找到什么方式，能快捷地挣到更多的钱，好让自己过上富裕生活。

后来，他辞掉洗车工作，并在一个朋友推荐下，玩起了一个非法网站的博彩游戏。他起初也有一点担心，每次下注最多不过几块钱，一天下来竟然赢了将近100元。

第一笔不义之财虽然数目不多，却足以改变他的人生。他自以为有赌博天赋，第二天把赌本翻了一倍，结果又挣了100多元。被金钱冲昏头脑的约克，再也无法抵挡住诱惑，他拿出所有积蓄放手一搏。

从第三天开始，随着赌本的不断翻倍，他却再也没有赢过，直到一个月后输光所有积蓄。此时，约克才惊醒，但为时已晚。

试想一下，如果约克不是因为贪念财富而失去了理智，不是受到不法之徒的诱惑而不能自已，如果他还能像以前一样勤勤恳恳的劳动，又怎会是如此悲惨的下场?

俗话说，根深才不怕风摇动，树正就不愁月影斜。有的人之所以在诱惑面前败下阵来，就是因为内心的意志力太过薄弱，对金钱权力、声色犬马太过贪恋。不因诱惑而酿成悲剧，我们就要抛弃那些不切实际的非分之想，要与不义之财划清界限，在各种功名利禄的引诱面前保持一份岿然不动的坚定，始终靠着双手去努力创造属于自己的成功。一个能抵御住各种诱惑的人，一定能够成为生活的强者。

在社会心理学领域，有一个著名的纵向试验：老师会将相同的糖果摆在孩子们面前，并告诉他们这些糖果可以随时吃掉，但如果能够等到老师外出回来之后再吃，他们就能得到更多糖果的奖励。

起初，孩子们还能耐得住糖果的诱惑，可随着时间流逝，当第一个孩子终于忍不住将糖果放进嘴里时，其他很多孩子也开始纷纷效仿。当然，仍然有一些孩子没有吃掉糖果，依旧等待着老师归来。

随后，心理学家对不同的孩子进行了五年、十年乃至二十年跟踪调查。他们发现，那些能抵得住诱惑的孩子做事专注度更高，无论在学业上还是事业上，都表现得更为突出。

上述的试验说明这样一个道理，能够主动拒绝诱惑是一种难能可贵的品质，而具备这种品质的人往往更有机会取得成就。所以，我们不要在诱惑面前表现得无所适从、卑躬屈膝，美丽外衣下隐藏的往往是恐怖陷阱，如果不想被这邪恶的美丽所蛊惑，就让我们对诱惑大声说“不”！

【让坏情绪不再纠缠你】

法国思想家孟德斯鸠说：“不要试图同诱惑争辩，躲开它，躲得远远的。面对诱惑动不动心并不重要，重要的是为了诱惑而动摇自己的良心。”诱惑，不是上天对我们幸运的恩赐，而是通往成功路上设下的种种考验和障碍。我们不仅要躲开它，还要战胜它，让自己成为真正的强者。

嫉妒就是祸事的根源

嫉妒是一味毒药，坑害别人，殃及自己，两败俱伤是最后的结局；嫉妒是一只恶魔，它吞噬着我们的理智、智慧和慈悲。嫉妒别人是最不明智的做法，不管你如何嫉恨与仇视，都无法掩盖对方的优秀与成就。当你打算以险恶的伎俩去摧毁对方时，等待你的也注定是毁灭。

每个人都有自己的弱项和不足，都不可能在每一个方面都表现得比其他人优秀。当别人比你成绩好时，你往往会不服气；当别人比你有钱时，你往往会心有不甘；当被提拔的是同事而不是你时，你往往就会暗自揣测，同事是否在私下给领导送了什么贵重的礼品？

看到与别人的差距，不思努力去弥补这种差距，却时时处处和别人过不去，这实在是愚蠢的选择。如果只是心里赌气和胡乱猜测，情况还不算太糟，但如果把嫉妒转化为愤恨，殚心竭虑、巧设机关，目的就是置对方于死地，那么可怕的悲剧也就从此刻开始上演了。

莫扎特被誉为“音乐神童”。关于他短暂而又充满悲情的一生，流传着很多不同版本的故事，而其中一个最具传奇色彩的故事最为今人所津津乐道。

莫扎特自幼就表现出惊人的音乐天赋。后来，他还受到约瑟夫二世赏识。当时，同为宫廷乐师的萨里艾利对莫扎特十分嫉妒——他自诩才华过人，但和莫扎特比起来却显得非常平庸。于是，他巧设诡计，让莫扎特的歌剧在剧院无法顺利上演，导致莫扎特生活非常拮据。此时，萨里艾利一面继续阴谋陷害，一面迫使莫扎特不停地靠出售音乐作品来维持生计，以致后来积劳成疾。

在一次演出途中，莫扎特晕倒在地。病床上的他依旧没有摆脱萨里艾利的折磨。《安魂曲》完成后，莫扎特也结束了年仅35岁的生命。

不管萨里艾利的结局如何，他之后的一生都在为自己做过的事而感到忏悔。直到今天，提及他的名字时，很多人想到的仍是那些丑陋的罪行，而完全忽略了他在音乐方面的成就。

适度的上进心能够催人奋进，如因攀比而心生嫉妒，对人对己都没有什么好处。你有属于自己的风采，别人也有别人擅长的优势，你不可能事事处处都比别人强。而看到别人比自己好，心里便总是酸溜溜的，恨不得将他人的占为己有，或是心中暗自诅咒：自己没有的别人也不能有。心魔一旦在心中长成，便有摧毁一切的力量，即便真能如愿将对方打压，你也很难心安理得地成就自己。

如果别人所拥有的，真的是你想要的、是你一直以来所梦寐以求的，那也应该通过自己的拼搏努力去争取。靠嫉妒、挑衅、造谣、陷害来毁掉别人，你也得不到自己想要的。这就好比是万米长跑，不管你如何羡慕别人的速度和耐力，也不管你对别人的失败如何幸灾乐祸，想跑到终点只能靠你自己的双腿！

有一对兄弟到国外去创业。他们在唐人街开了一家餐馆。他们对面餐馆的老板，是他们在国内认识的一位餐饮界朋友。

起初，对面的餐馆每天顾客盈门，而他们自己的生意却非常惨淡。哥哥非常生气，因为那位朋友的烹饪手艺根本不如他们兄弟俩，没想到在国外却如此受欢迎。于是，哥哥匿名向当地政府举报，说是对面的餐厅存在严重卫生问题。可经辟谣以后，人家的生意反而比以前更好。这下子把哥哥气坏了，没过多久便病倒在床，最终不得不提前回国，把餐馆留给弟弟来打理。

弟弟与哥哥不同，他觉得人家生意好就一定有生意好的理由。经过一段时间调查，他发现，原来国内外食材之间的差异很大，同样的东西口味和特性却存在着较大差别，必须对烹饪手法进行相应改变和调整，否则菜品的口味就会受影响。找到症结所在后，弟弟便开始刻苦钻研，最终让餐馆生意走上了正轨。

嫉妒其实也是一种自卑，如果他相信自己能做得足够好，自然也不必去嫉妒别人。面对别人的好，大可不必去犯“红眼病”，当你能以恭谦、敬佩的视角去欣赏别人时，或许你也能从中汲取许多对自己有益的经验和智慧，何乐而不为呢？

【让坏情绪不再纠缠你】

法国大文豪巴尔扎克说：“嫉妒者受的苦比任何人遭遇的疼痛更大，他自己的可怜和别人的幸福都使他痛苦万分。”的确，不该把别人的幸福当作折磨我们自己的理由，只要相信自己、只要努力争取，你凭什么就比别人差？

完美，只是虚幻的童话

有人说，我们每一个人都是上帝咬过一口的苹果，有的人之所以缺憾比较大，那是因为上帝特别喜爱他的芬芳。世间没有绝对的完美，要么是身体残缺，要么是生活不幸，要么是事业受打击，这些缺憾作为我们人生一部分，有着特别的意义和价值。一个事事追求完美的人，却往往是一个可怜的人，因为他永远无法体验到梦想变为现实的喜悦。

完美，只是存在于人们幻想中的一种意境。生活既慷慨又吝啬，它让我们拥有健康，却往往难以拥有美貌；让我们享有美貌，却往往缺少财富；让我们拥有了财富，却又往往丢了智慧。“桃花嫣然出篱笑，似开未开最有情。”

生活中真正的美，往往要有适当的尺度，过分地追求完美，就如同是为了等待一株泛青的麦穗，而失掉了所有成熟的金黄。

尼奥在巴西经营着一家酒吧，无论是装潢设计，还是整体文化氛围，特别是每晚热情奔放的歌舞表演，都非常具有巴西本土风情。自 2014 年世界杯以后，他的酒吧一下子变得家喻户晓——那些外国游客把他的酒吧视为每晚必去的休闲场所。

可是，尼奥还不够满足。他想把酒吧整体提升一个档次，以吸引到更多身份高贵的顾客。于是，他重新进行了装修，增加了许多奢华的灯具和高档的皮质沙发，将之前的自由活动区改为 VIP 单间，并竖起很多厚重的隔音板，原本以沙滩和桑巴为主题的歌舞演出也增加了许多国际流行音乐元素，就连每天免费供应的马黛茶也换成欧美特色饮料。

尼奥自以为“完美”的改变，却没有收到预期效果。和那些本来主打高档尊贵的酒吧比起来，这种改变显得微不足道。对于以往那些经常光顾的顾客来说，如今酒吧的风格又不伦不类，原本接地气的文化氛围也已经消失不见了。

尼奥后悔不已，不得不暂时选择闭店，利用一点时间来重新梳理下自己凌乱的心情。

对完美的希冀能够带来许多前进的动力，但往往也会蒙蔽住人们的双眼，让我们变得盲目而认不清现实。明明自己酒吧的风格独树一帜，却偏偏要以“完美”的名义，亲手断送掉这原本拥有的一切，尼奥的糊涂之举恰恰“完美”地诠释了“瞎折腾”的含义。

世上本来就没有完美无缺的人和事，对完美的过分苛求只会让自己陷入深深的痛苦和悔恨，从而无法在生活中体验到应有的乐趣和满足。心理学家的研究表明，过分追求事物的完美，容易让人产生自责、懊恼的情绪，在面对现实时往往感到无力、焦虑和自卑，甚至会急功近利，对人的身心健康都会带来极为负面的影响。

月有阴晴圆缺，人有悲欢离合。正是因为这种瑕疵，才让我们多了一份对美好的希望与憧憬；正是因为这种缺憾，才让我们的人生更加真实，让我们已经拥有的更加弥足珍贵。

每每提到超级模特，我们想到的总是那修长的双腿，娇美的面容和完美的身材，而在这个被挑剔的目光所包围的T台上，一个“独臂”的姑娘却改变了所有人对美的认识。她就是凯莉·诺克斯。

诺克斯自幼便没有左前臂，但她从来不认为自己与其他人有什么差别。小时候，她非常独立，自己穿衣吃饭，也能够和其他小朋友一起玩耍嬉戏。在7岁那年，她勇敢地决定放弃假肢，要在未来的日子里始终以“独臂”的真实形象示人。

她不顾来自其他人的非议，凭借着自己的努力，终于站上了梦寐以求的T台。如今，她已经成为一名享誉全球的超模，许多国际时尚杂志都纷纷向她抛出橄榄枝。在她看来，努力的意义就在于为那些和她有着同样遭遇的人们带来自信，向全世界传递美的正能量。她坚信，自己的残缺就是美丽的资本。

有人对诺克斯这样评价道：“继维纳斯后最美的女性。”

真正的美不是没有残缺，而是能够真正地接纳自我，以平和从容的心态，坚守着对美好的信念和对梦想的执着。不过分苛求完美，把自己力所能及的事做到最好，也能抒写出一段令人惊叹的奇迹。只要你相信，在不完美之中，也能创造出另一种完美。

【让坏情绪不再纠缠你】

德国哲学家尼采说：“别在平野上停留，也别去爬得太高，从半高处看，世界显得最美好。”人世间的许多悲剧，都是缘于人们对完美的盲目苛求，心理的魔障让他们无法珍视眼前最美好的世界。所以，别给自己太多的压力，好好把握你所拥有的，尽全力去实现自己的目标，这就是“完美”的人生。

你的失败源于事事拖延

很多人总是习惯于做事向后拖延一步。他们总是要找到很多借口、很多理由，或是因为外界环境太恶劣，或是因为自身准备不充分，或是还没等到行动的大好时机，总而言之，就是要继续心安理得地享受着平静和安逸。可是，安逸久了会让人产生惰性，即便真的准备好了、条件成熟了、时机来临了，他们依旧不愿意采取行动，依旧享受着安逸之后的又一个安逸。直到失败结果降临那一天，他们才真正体会到因拖延而带来的悔恨。

有一条人生失败的教训不能不为我们所铭记：总是心动的时候多，行动的时候少。你想成为一名健身达人，却总是告诉自己等天气好一点再开始锻炼；你想考取注册会计师的资格，却总是告诉自己等明年复习得充分一点再报名考试；你想创业开一家自己的店，却总是告诉自己等心情好一点、头脑清楚一点再开始自己的计划；你想给父母和家人更多的呵护和关爱，却总是告诉自己等钱挣得足够多再去考虑让他们过上更好的生活。

人生中很多大好的时光和机遇，就在这样无休止的等待中被错过。天上不会自己掉馅饼，世间的很多成就不是要等到万事俱备以后才有采取行动的理由，如果真是那样，为理想而拼搏也就没什么特别的意义了。做事之前计划周详能够减少出错的概率，但这却不能成为一个人畏首畏尾、瞻前顾后的借口，如果不能果断采取行动，再完美的计划和目标也永远都是空想和纸上谈兵。

在美国南北战争时期，西点军校的高才生麦克莱伦将军被誉为“小拿破仑”。可他在与南方军交战中迟迟无法取得实质性突破，一时间成为笑柄。

他总是抱怨装备不够精良，抱怨没足够时间训练士兵，总向总统提出各种各样的要求和条件。可当拥有了这一切时，他依旧以准备不充分为理由拒绝向敌方发起进攻，或是过分谨慎不肯追击敌人而错过许多取胜机会。

在一次非常关键的战役中，他因为犹豫不决、举棋不定，在军队人数是方两倍的情况下，错过了全歼敌军的机会，使战争不得不多持续了三年，因此而造成不必要的人员伤亡和财产损失不计其数。总统最终对他失去了耐心，解除了他的军职。

有人这样评价麦克莱伦：“有一种超越任何人想像的惰性，只有阿基米德的杠杆才能撬动这个巨大的静止。”

拖延会导致战争失败，也会让我们人生一无所获。很多人总是抱怨自己情绪不好、状态不佳、时运不济，总想把今天该努力的事拖到明天再说。明日复明日，明日何其多。时间对我们每一个人来说都是有限的，我们拖延越多的时间，就会浪费更多宝贵机会。更何况，成功本就不是唾手可得的，真等到一切都准备好了，别人或许早就先行一步，哪里还轮得上你。

很多人虽然有着雄心壮志，到头来却一事无成，就是因为他们一直在拖延，将所有好的时光都消耗殆尽。那些真正能取得成功的人，往往都深刻地懂得行动胜于一切的道理

香港首富李嘉诚一直是一位日理万机的精明商人。可是，他的办公桌却非常整洁，陈设也非常简单，桌面上甚至连一页纸都没有。这是因为他始终

秉持着“今日事今日毕”的做事原则。

不仅如此，他还把这个原则作为管理企业员工的信条。在他看来，人要是有了拖延的恶行，进取心就会随之减少。在通往成功道路上，每一秒钟就是最大的错过。

无独有偶，美孚公司是世界500强之一，在公司高层的办公室，都挂着一个写有“绝不拖延”字样的白板。“绝不拖延”是这家公司的行为准则。在他们看来，避免拖延的唯一方法就是随时行动，因为没人会为你的拖延承担后果和损失，每一名员工都不能拖延哪怕半秒钟时间。

人有时就要有豁出去的精神，不管未来结果怎样，倾尽全力把眼前的事情做好。也许在取得成功之前，我们不得不放弃舒适安逸的生活，要进行很多枯燥乏味的努力，甚至忍受很多挫折和坎坷带来的煎熬，但这也正是人生奋斗的意义所在。正如卡耐基说的那样：“没成功之前要做与成功有关的事情，成功之后才可以做自己喜欢的事！”

【让坏情绪不再纠缠你】

美国著名政治家本杰明·富兰克林说：“千万不要把今天能做的事留到明天。”拖延，往往源自对失败的恐惧。但如果你已经确定了你的目标，就把这种恐惧暂时丢弃，全身心地准备放手一搏。等待和逃避不会迎来成功的眷顾，赶快行动、绝不拖延才是你明智的选择。

第二章
放下执念，何苦自己为难自己

对一些事物太执着，我们就会活得疲惫；对别人太在意，我们就会活得迷茫；对一时成败太纠结，我们就会失去更多。很多人生活缺少快乐，其根源是自己为难自己，自己跟自己过不去。生命的意义不是追求完美的自己，也不是为了取悦他人。放下该放下的，珍惜所拥有的，坏情绪就自然会远离你。

别指望所有人对你都满意

“你不可能让所有人满意，因为不是所有人都是‘人’”。虽然这只是一句戏谑的网络流行语，但却也用一种调侃的方式说出了这样的道理：无论我们把一件事做到怎样的极致，让所有人满意都是不可能的。人生在世，真正能理解你的、能和你心灵相通的人毕竟少之又少，所以不要去奢望所有人的掌声，那不过是自寻烦恼而已。

林肯公园是美国著名的摇滚乐团，曾任联合国秘书长潘基文是他们的忠实粉丝。他们用音乐的方式表达着对生活和生命的感悟。那些蕴藏着积极意义的歌曲带给世人宣泄和治愈的力量。可就是这样一支乐队，对他们的批评从来没有停止过：有人说他们无门无派，没有鲜明的个性和特点；有人说他们的音乐根本不算摇滚，只是几种不同音乐形式的大杂烩；还有人说，他们的理念太过超脱，和商业化的流行音乐市场格格不入。

一支世界知名乐队尚且如此，更何况我们这些平凡的普通人，无论我们怎样努力，都不可能让所有人满意。无论是像潘基文那样的支持者，还是厌恶批评他们的人，其实都没有错。因为每个人的成长经历和价值观不同，对一件事物的欣赏体验和评价标准自然也不一样。众口难调是客观存在的现实，不要妄图去迎合所有人的口味，否则只会迷失了你自己。

戴维斯毕业于英国剑桥大学数学系。他研究的方向主要与统计学的应用有关。刚刚毕业时，他加入了一家人力资源管理咨询公司，主要从事标准化问卷设计方面的工作。

戴维斯很喜欢自己的工作，因为每天都能和数据打交道，而这也正是他所擅长的。没多久，部门主管因他的项目报告太过朴实而批评了他，并提醒他必须在撰写报告的文字上多下功夫，适度的夸张和渲染必不可少，否则就无法获得公司股东的认可和更多经费的支持。

于是，戴维斯开始花时间去研究一些励志方面的书籍，希望从中汲取一些对自己有益的东西。而他花在研读专业文献上的时间却越来越少。

从那以后，戴维斯的成果越发受到公司高层重视，公司的 CEO 甚至还邀请他一同去参加酒会。在酒会上，CEO 又给他一条建议，公司业务中很大一部分是政府项目，和那些难缠的政治家打交道是必不可少的事。如果想在公司获得更好的发展，只把自己关在房间里研究数据、撰写报告是不行的，必须利用一切机会去锻炼社交能力。

经历一番思想斗争后，戴维斯选择放下了研究工作，频繁地奔波于各种大大小小的社交场合。几年后，他终于发现，无论自己怎样努力，都永远追不上那些在社交场上八面玲珑、见风使舵的人，因为这根本不是他所喜欢和擅长的事。而那时他再想回到曾经的研发岗位也已经不可能，因为新进公司的优秀毕业生把他取代了。

如果你是一位作家，就别指望所有读者都会痴迷于你的文字；如果你是一位厨师，不要幻想所有食客都能对你的手艺赞赏有加；如果你是一位网店的店主，也没必要刻意去追求 100% 的好评率。因为你所喜欢、专注或是擅长的，未必就是别人所欣赏的。你一定要放弃自己的优势，去刻意迎合他人的口味，就如同是削足适履、因噎废食，不仅换不来他人的满意，反而把本来珍贵的东西都弄丢了。

但丁在《神曲》中有一句名言，“走自己的路，让别人说去吧”。这世间通往成功的路有千万条，走好自己的路已属不易，何必太在意别人的看法。你所欣赏或是坚持的一切，可能就是你内心深处所真切渴望的。即使招来别人的曲解误会那又何妨，只要你能认可自我的价值，只要你相信通过努力就能收获自己珍视的成功，就已经足够了。

《草叶集》是美国著名作家惠特曼的代表作。说起它的问世，还有这样一段鲜为人知的故事。

惠特曼曾经只是一位默默无闻的诗人，他的偶像就是当时被誉为“美国文明之父”的爱默生。因为受到爱默生的激励，惠特曼决心倾尽一生的精力去创作新的不同凡响的诗篇。

《草叶集》问世以后，被当时很多评论家说得一无是处。那些不押韵的格律，那些和当时主流思想格格不入的表现手法，让这本诗集的销量异常惨淡。惠特曼对这些不以为意，始终坚持着自己的风格。在第三版印刷发行之前，就连他的偶像爱默生也坐不住，公开对惠特曼提出了批评，并提出许多修改建议。

面对这些批评指责，惠特曼依旧不肯让步。他告诉爱默生，《草叶集》绝不会进行删改。他一定要走自己的路，绝不会接受任何的束缚，即便最终的结局注定是失败。

事实证明，《草叶集》不仅没有失败，甚至还开创了美国民族诗歌的一个新时代。坚持走自己的路，坚持做自己该做的事，这远比那些孰对孰错、功过是非的评判来得更有意义。对别人的评价太过在意，只会平添许多不必要的烦恼，因为你不可能让所有人满意。

【让坏情绪不再纠缠你】

中国作家韩寒说："没人能让所有人满意，所以让你自己和中意的人满意就可以了。你所判定的一切，也许就是你自己内心的投影。人生就是一个不断接纳和抛弃的过程，就是一段迎接冷眼嘲笑孤独前行的旅途。"既然不可能让所有人满意，我们还是以自己喜欢的方式去生活吧！

自卑，只因你看轻了自己

每个人都有着这样或那样的缺点，因此我们的内心深处难免会存在着一些自卑情绪。如果把这些缺点当成一种鞭策，鼓励我们积极进取，在弥补自身不足的同时，创造出更惊人的奇迹，那么自卑就没有那么可怕；但如果把自卑当成一种包袱，整日里怨天尤人、自暴自弃，甚至一蹶不振，那么自卑就会彻底毁了我们的生活。

或是因为家庭出身、外貌形象、生活境遇等原因，人们在进行自我评价时总是习惯于给出偏低的分值。自卑的人总是自怨自艾、悲观羞涩，总是认为自己处处不如别人，总是觉得自己什么也做不好。有的人甚至还夸大自己的缺陷或是给自己臆造出许多莫须有的弱点。

有些人在公众面前总是羞于开口，一站到讲台便面红耳赤、心跳加速，结结巴巴的，一个字也说不出。之所以出现这样的窘态，都是因为其自卑心理在作祟。明明还没有去尝试，就因为担心自己能力不足或是招来别人的负面评价而提前败下阵来。就像有人说的那样，如果你给自己提前贴上失败的标签，那么注定你一生都是失败的。

有一个女孩名叫玛丽，从小就很自卑，总是觉得自己长得不够漂亮，不会被别人喜欢。她每天走路都低着头，生怕被别人看到“丑陋”的脸。

有一次，她在一家商店发现了一只非常漂亮的蝴蝶结，于是毫不犹豫地买了下来，并戴在头上。店主夸赞她戴上蝴蝶结以后简直变了一个人，比平时还要漂亮许多。玛丽内心却充满了怀疑：一个蝴蝶结能带来这么大的改变？她虽然不怎么相信，但为了不让钱白花，就强迫自己抬起了头，急切地想让其他人也看看她是否真的变漂亮了。

由于走得太急，玛丽出门时和一个路人撞在一起。她忘记了说一声“对不起”，便一溜烟地向学校跑去。

玛丽刚一进校门便迎面遇到了老师，老师看起来十分惊讶：“玛丽，你今天真美，特别是你抬起头来的时候。”老师的赞美让她自信了许多，当她走进教室时，马上成为同学们关注的焦点。在大家眼中，抬起头的玛丽似乎变成另外一个人，因此得到了更多赞美。

玛丽以为，自己之所以能得到这些赞美，一定是蝴蝶结的功劳。可当她走到镜前的时候才惊讶地发现，她头上根本没有蝴蝶结，一定是在撞到行人时把蝴蝶结弄丢了。

如今，玛丽已经是美国HBO电视网著名的节目主持人。

如此看来，很多时候我们并不见得有那么糟糕，也未必就比别人差，之所以自卑，还是因为没有准确客观地评价自己。一旦被自卑先入为主，我们便不能冷静地分析自己所面临的苦难，不能理智地评判自己的得失，更不能清晰客观地理解别人对自己的期望和评价。

把自己看得一无是处，往往就会失去对生活的信心，对那些自己本来可以做好的事情也会草率地放弃。很多不该发生的悲剧，都是我们自己造就的。如果你都看不起自己，又能指望谁会看重你；如果你都相信自己注定会失败，又能指望谁来拯救你？

尼尔森是一位菜农。就种菜而言，他的确是一把好手。但是，他却有一些自卑，总是觉得自己不如别人，也不善于和别人沟通，所以种出来的蔬菜总是没有好的销路。

有一次，他到一座高档写字楼办事，而他要找的人恰好没在，其他人让他坐下等一等。他觉得自己身上都是土，生怕把人家的桌椅弄脏，更何况自己穿的是旧牛仔裤和球鞋，与那些衬衣西裤的办公人员比起来格格不入。与其让别人嫌弃，不如自己识趣一点，于是他拒绝了别人的好意，在大楼外一个长椅上坐了下来。

写字楼餐厅的经理此时恰好经过，看到坐在长椅上的尼尔森——他是尼尔森的老相识，便邀请尼尔森到餐厅去吃午饭。

用餐期间，餐厅经理在和尼尔森聊天时无意间提到，如今每天给餐厅送来的蔬菜质量越来越差，前几天还有人吃坏了肚子，所以他们打算换一个承包商。既然尼尔森种地是一把好手，便想让他来试一试。尼尔森虽然不太情愿，可盛情之下难以拒绝，也只好应承下来。

尼尔森硬着头皮给餐厅送了几次菜，竟受到了大家一致好评。他送的蔬菜不仅质量一流，关键是他为人诚信守信——每天不管刮风下雨，他送菜的小货车总能准时抵达餐厅门口。

几年下来，尼尔森靠着自己的勤劳和诚信，不仅扩大了农场规模，还成为当地小有名气的蔬菜供应商。

尼尔森的经历告诉我们，不要总觉得自己低人一等，即使你不够美丽、不够富有、不够聪慧，也一定有强过其他人的地方。

要善于发现自己的长处，肯定自己的优势，提高对自己的评价。别人不是十全十美，你也不会是一无是处。即使你有缺点或不足，也没必要不好意思，立志发奋努力去改变它，“知耻而后勇”不仅不丢人，反而更值得别人的尊重。

【让坏情绪不再纠缠你】

美国酒店大亨唐拉德·希尔顿说：“许多人一事无成，就是因为他们低估了自己的能力，妄自菲薄，以至于缩小了自己的成就。”我们没必要感到自卑，即使和他人比起来我们在某些方面有着些许的不足，我们依然可以想方设法地去克服，可以充分地去发挥我们自身特有的优势，又哪里有时间去为那些不足自忧自怜呢？

暴戾之气伤人又害己

有的人平日里总是控制不好自己的情绪，和他人相处总是爱发脾气，遇到一点不顺心的事便虎目圆睁、火冒三丈、大声咆哮。易怒的人容易丧失理智，或是对身边的人出言不逊，或是大打出手、伤人毁物，甚至因此造成一些不可挽回的损失。

随着家庭自用汽车的普及，“路怒族”成为当下流行词。曾经有这样一篇新闻，说的是一辆车因为使用雨刷器，不慎将玻璃水溅到了另外一辆车的挡风玻璃上。于是，两个司机便把车停在快速路中央，互不相让地展开骂战，结果把整条公路堵了个水泄不通。直到民警将他们带到派出所，两个人这才冷静了下来，并接受罚款和拘留的处罚。之所以出现这样的闹剧，是和人易怒的情绪有关。

随着生活节奏加快，人们的心态变得越来越焦虑和暴躁，对身边的人或事难有多一点的包容。一件不起眼的小事和一点小小的摩擦，就会让彼此瞬间丧失理智，暴跳如雷地嘶吼，歇斯底里地挥舞着双拳，仿佛变成一只狰狞残暴的猛兽，恨不得将对方一口吞噬。有研究表明，一个易怒的人容易患上高血压、冠心病等心身疾病，对肝脏等体内器官也有不可估量的伤害。所以，当你变为猛兽的那一瞬，你不仅在伤害着对方，更是在摧残着自我。

考辛斯曾是一名天才的NBA球员。卓越的天赋和惊人的身体素质让他成为球场上的焦点。他先后连续两年入选全明星阵容，成为全联盟炙手可热的中锋。

和他的球技一样抢镜的，是他火爆的脾气。在进入全联盟几年时间里，他掌掴詹姆斯，与格里芬大打出手，用球狠砸保罗后脑，还在中国记者面前讥讽林书豪。因为意见不合，他和队友在场下互殴；因为对教练的战术安排不满，他当着所有人的面对教练语出不敬。

他因此得到的技术犯规不计其数。罚款、禁赛对他来说都已经成为家常便饭。此外，球队老板还做出过将他无限期禁赛的决定。一些媒体在形容他时用到了“臭名昭著”这个词，而那些曾经对他寄予厚望的球迷也失去了耐心，甚至认为他就是球队的害群之马，搅得球队不得安宁。因为在他加入球队几年间，球队一直在西部垫底，彻底沦为鱼腩。尽管球队多次试图将他送走，但却没有其他的球队愿意将他收留。就这样，一个曾经的天才沦为弃儿。

考辛斯的经历告诉我们，对于一个坏脾气的人来说，损失最大的还是自己。人活在世，喜怒哀乐总是如影随形。有快乐与温馨，就会有矛盾与纷争，就会遇到一些令人愤怒的事。但是，无论对自己的身心健康还是事业前途来说，愤怒都是百害而无一利。

俗话说，有理不在声高。心情不悦之时，怒火中烧又能有什么用？谁会因为你的暴怒而屈服？什么事会因为你的怒不可遏而向好的方向发展？民族英雄林则徐在大堂上高悬“制怒”二字，不仅是在告诫自己也是在提醒后人：易怒者伤人害己，心宽者方能顺心如意。

老杰克是一位已经退休的房屋修缮工人。他的职业生涯并不顺利，因为坏脾气，他经常遭到客户投诉。而朋友们也都了解他的性格，对他也心存忌惮。

退休之后，杰克仿佛一下子安静了许多。特别是在一次手术住院之后，他的性格发生了巨大反转。他每天利用尽可能多的时间读书看报，以提高自己的修养。天气好时还一边听着音乐一边在公园里散步，遇到了不顺心的事也不会憋在心里，经常会约上三五知己来倾诉一番。

有一次，杰克和老友们一起去郊外钓鱼，却被几个在河边举办摇滚 party 的年轻人搅得心神不宁。就在大家以为杰克又要大发雷霆时，他却拿着自己的渔具和遮阳伞，换到一个更加僻静的地方坐了下来，丝毫没有发怒迹象。

朋友们都为杰克的改变感到惊讶，而他却平静地说：“我不会再那么愚蠢，我不能为这些孩子们的无礼买单。如果因为生气再住进医院，谁还能陪你们一起钓鱼呢？”

所以，一个人的坏脾气并非是天生注定的，只要注意控制自己的情绪，调整自己的心态，掌握一定的方法，我们就能够成为自己情绪的主人。生活的目的是为了寻找快乐，是为了健康长寿，不是为了对别人发飙，跟自己别扭。

【让坏情绪不再纠缠你】

古希腊哲学家伊索说：“需要温顺，不要过度地生气，由于从愤怒中常会产生出对易怒的人的重大灾祸来。”我们在生活中难免会受到一些委屈，难免会有些生气，重要的是要学会用积极的心态和博大的心胸来克制自己。不仅仅是为了良好的外在形象，更是为了自己的健康和未来。

不妨给自己定个触手可及的目标

在做任何事之前，我们都要给自己设定清晰的目标。但是，如何选择目标，选择怎样的目标往往又是决定成败的关键。如果一个人对成功的渴望过于迫切，往往就会对现实失去理性的判断，甚至是高估自己的能力，到最后一样无法收获成功。只有设定正确合理的目标，才能更有效率地把事情做好，将脑海中的计划逐一变为现实。

童年时，我们总是渴望长大以后能成为漫画书里的超级英雄；当我们真的长大了，才真正懂得成为英雄之前首先要成为一个合格的普通人。远大目标能够给人以鼓舞，催人奋进，但目标不应该是遥不可及的幻想和传说，否则它不仅不会给予我们力量，还会成为一种负担，让我们距离成功越来越远。

有人说，如果你暂时没有能力去摘天上的星星，不如先把藤上的葡萄取下。

赵琳原本在一家国企工作，可稳定的生活不能给她带来满足感。于是，她辞掉工作，选择自己创业。

由于没有什么本钱，她在一个普通的居民区租了间不起眼的小店，卖珠宝配饰。事业起步的阶段自然非常辛苦。为了降低进货成本，她几乎走遍了全省的小商品批发市场。不过，辛苦终究能够得到回报。由于价格的优势，小店生意一直很好。茶余饭后，周围居民都喜欢到她这里来逛一逛。

随着经验和资本不断积累，赵琳的志向也越来越大。她想通过几年时间，能够创办自己的商店品牌——一家小店已经远远无法满足她的野心。于是，尽管遭到很多人反对，她还是借钱开了两家分店。

可天不遂人愿，两家分店开张营业以来，生意一直非常惨淡。她把一家分店开在大学城和高档社区附近，讲究个性时尚的大学生和热衷于名牌的有钱人根本就不把批发市场里的大众货放在眼里。

另一家分店的选址则更是失败：由于拆迁修路，平日里很难见到行人和车辆，哪还有人来她的店里消费呢？

经过一年苦苦支撑，赵琳关闭了两间分店。因为无力偿还负债，她也不得不将最初的小店转让了出去。

一个本来美好的创业梦就这样破碎了，究其原因还是最初的成功让赵琳产生了自满情绪，从而给自己设定了过高目标。以她的经济实力和经商经验，根本还不足以去经营分店，连最基本的调研工作都没有做充分，又有什么资格去考虑创建品牌呢？

一个人渴望远方本来无可厚非，但不管你的志向有多么远大，都不要忘了“千里之行，始于足下”的道理。如果把人生比作漫漫的征程，我们只有走好脚下的每一步，才能达到最后的终点。因为我们迈出的每一步，都是在积累经验、积攒力量，当有一天你变得足够优秀了，成功的彼岸自然也不会遥远。如果你连眼下的路都没看清，却只是踮脚眺望着遥不可及的远方，那最后也只能是在生活中迷失，再也找不到方向。

威廉斯勒是英国著名的约翰·霍普金斯医学院的创始人。在他成长过程中，曾有过这样一段经历。

他还在学校念书时，便有着远大的理想。他比任何人都渴望成功，总是希望自己能做一些轰轰烈烈的大事。可是，他却为身边的琐事而苦恼，甚至不知道做好眼前的小事对自己实现理想来说到底有什么意义。这样的心态使他对校园生活感到厌恶和乏味，对于学习也不怎么用心，以至成绩每况愈下。为了帮助他走出阴影，老师推荐他去阅读一本非常有名的哲学著作。

这本书中的一句话，不仅点亮了他的生活，甚至改变了他的一生："最重要的，就是不要去看远方模糊的东西，而是要做手边最具体的事情。"

他终于明白了，那些远大的志向，只是高悬在未来的天空里，只有把眼下的事情做好，才能有机会去实现它。从那以后，他开始认真学习，努力提高自己的成绩，因为这正是他眼下最具体、最要紧的事。

经过几年努力，他最终以极其优异的成绩毕业，并成为当地的名医。正是凭借这种勤恳踏实的精神，他后来创办了约翰·霍普金斯学院，实现了自己的理想。

不切实际和脱离现实的目标会将人引入歧途，只有脚踏实地、勤奋务实才是一个成功者必须具备的素质。好高骛远的空想只是梦幻中的空中楼阁，只有从每一个不起眼的目标做起，才能将梦想变为现实。

【让坏情绪不再纠缠你】

古罗马哲学家西刘斯说："想要达到最高处，必须从最低处开始。"做好身边的每一件小事，就是给我们理想的大厦添砖加瓦。不要给自己设定遥不可及的目标，再伟大的成就也是由一点一滴的收获积累而成的。

你在羡慕别人，别人也在羡慕你

每个人的生活都有着自己的剧情，都有着独特的精彩。我们之所以觉得不幸福，就是因为我们总是在羡慕别人，总是觉得别人的生活才是自己真正想要的。当你以仰望的姿态，去垂涎不属于你的幸福时，不仅察觉不到别人也有苦涩的一面，更无法体味到那些你正在拥有的甜蜜与美满。

著名诗人卞之琳在《断章》中这样写道："我站在桥上看风景，看风景的人在楼上看你。明月装饰了你的窗子，你装饰了别人的梦。"人可以看风景，也可以成为风景；人可以见明月装饰了自己的窗子，也可能毫无察觉地成了别人梦境的装饰。

不同的人生可以相互装饰，不同的生活可以相互点缀。我们总是在羡慕别人，却忘记了我们自己也会是别人羡慕的对象。那些因为紧盯着别人而被忽视的所有，也可能就是为别人所羡慕不已和梦寐以求的。

男人抱怨说，下辈子要做女人，可以不用出去打拼；女人抱怨说，下辈子要做男人，可以不用照顾家庭。普通人羡慕明星富豪，可以住别墅、开豪车，可以在聚光灯下光彩夺目；明星富豪又会羡慕那些平凡的人，可以过自己想要的生活，每天都能睡一个安稳觉。

殊不知，每个人都有着自己的缺憾、苦涩和辛酸，而我们所羡慕的往往都是别人光鲜的一面。假如有一天你真的能够成为那些让你羡慕的人，或许你就会发现，他们身上曾经让你眼红的东西其实并没有想像中美好。

有一部4分钟的网络短片，在You Tube上突破了千万的点击量，有的网友甚至说这部短片彻底改变了他的人生态度。

一个衣衫褴褛的棕发小男孩儿，穿着一双已经露出脚趾的破旧鞋子。他因此遭到了周围人嘲笑："这也算是鞋子？从哪捡来的？""一定是垃圾箱吧！"

别人的嘲笑让小男孩儿羞愧不已。他默默地来到了溪边的小桥上。他回来时，发现长椅上正坐着一个衣着光鲜的小男孩儿，脚上穿着一双高档的新球鞋。他低头看了看自己从鞋子里露出的半个脚掌，自尊心又一次受到伤害，于是找到一棵大树，在树下坐了下来。

他脱掉了鞋子，将它们套在手上，像是在操纵着两个手偶一样，自言自语地说："为什么我们会这样，这不公平！"

"我知道，可是，我们什么也改变不了！"

"我不想像现在这样，我希望能像他一样！"

小男孩闭上眼睛，心中反复地默念着："我想像他一样，我想像他一样……"

也许是上帝听到了他的心声，奇迹真的发生了。当他重新睁开眼时，他和那个拥有新球鞋的小男孩竟然互换了身份——此时的他正坐在长椅上，脚上穿着一双崭新的高档球鞋。

正当他为美梦成真而喜出望外的时候，一个老者推着一个轮椅来到了他身旁，亲切而略带忧伤地说："亲爱的，你准备好出去玩了吗？"原来，那个拥有新球鞋的小男孩双腿残疾，只能靠着别人的帮助才能出行。此时，他后悔不已，可一切都已经迟了。

而在不远处，另外那个男孩虽然穿上了破鞋，却在兴奋地奔跑着、欢笑着……

小男孩的遭遇又证明，再普通的人也有着足以让别人羡慕的资本，只是自己没有发现而已。当小男孩为自己破旧的鞋而沮丧时，有人还把行走当成一种奢望。而当他最后失去了健全身体和生活自由时，一双完美的新球鞋又能有什么意义？

幸福如水，冷暖自知。我们不要去羡慕别人的生活，珍惜眼前的一切，过好自己的生活才是重中之重。

众所周知，非洲有很多优秀长跑运动员，包括哈利默父子。

在哈利默成名之前，他们生活得非常清苦。在其他国家帮助下，他们家乡的很多人种起了庄稼或是做起了矿产生意，生活都得到了很大改善。可是，哈利默父子却依旧过着贫寒的生活。在数年时间里，父亲一直带着儿子专心练习着长跑。

尽管有很多人对父子俩说三道四，可他们却不为所动，更不会去羡慕别人的生活，而是依旧执着于自己的梦想。后来，小哈利默果然成为一名优秀的长跑运动员，先后在非洲锦标赛和世界锦标赛上夺魁。当小哈利默出现在电视屏幕上的时候，那些曾经看不起他们的人都羡慕不已。

小哈利默在总结成功经验时说，他之所以能够取得成功，就是因为他和父亲从来没有理会过别人优越的生活，他们始终在努力做好自己的事。

羡慕别人往往是期待更加的完美，期待自己的生活可以变得更好，但是不管我们如何努力，别人的生活我们永远无法效仿。我们有着自己的境遇，有着自己的生活，按照我们特有的方式就足以创造出炫眼夺目的辉煌，何必去羡慕别人？

【让坏情绪不再纠缠你】

台湾漫画家几米说过这样一段话：“想一个人总是仰望和羡慕着别人的幸

福，一回头，却发现自己正被仰望和羡慕着，其实每个人都是幸福的。只是，你的幸福，常常在别人的眼里。”你并非不幸福，只是你永远活在别人的阴影里。当你勇敢地不再去羡慕别人时，生活中那些鲜有的美好也就会如期而至了。

面对坎坷，抱怨是最无效的药

有人说，在面对生活各种坎坷、挫折和磨难时，最无用、最懦弱的表现就是抱怨。抱怨自己得到的太少，抱怨上帝对自己的不公。人生中任何收获与我们付出的努力都是等价交换，每一点成功都来之不易。如果感觉自己受到了不公的待遇，那很可能是你自己努力的程度还不够，很可能是你没有经受住时间和生活的考验。

就业压力已经成为当今大学毕业生共同面对的难题，他们有的毕业即失业，干脆在家做起“啃老族”。他们嫌弃基层工作太辛苦，收入太低，抱怨国家就业体制不完善，恨自己没能托生在一个富有的家庭。

上帝为你关上一扇窗，就会为你打开另外一扇窗。他们找不到合适的工作，总是抱怨外在环境和自己家庭，又是否认真考虑过自己的原因，是否为了你自己的前途已经倾尽了全力？机遇不会从天而降，好运也不会不期而遇，你的软弱和懈怠就是你无法取得成功的罪魁祸首，一味儿地抱怨又有什么用呢？

奥西姆在一家石油勘探公司工作。为了锻炼新员工，公司将他和一些同事派往北方最寒冷的雪原。

“我的人生充满不幸，原本以为进入一家大公司就可以衣食无忧，没想到却来到这样一个寸草不生的地方。我亲爱的女友每天都在思念我，我未来的人生该怎么办？”奥西姆每天不停地和自己的伙伴们抱怨着。起初，大家还安慰奥西姆几句。到了后来，大家也都对他敬而远之。

公司领导定期会通过网络视频或是电话了解他们的工作和生活情况。其他同事利用这机会汇报勘探工作的最新进展，唯有奥西姆向领导倒着各种苦水：“这个地方能把人的手冻掉”“身着几十公斤的装备能把人累到虚脱”“每晚呼啸的寒风根本没法让人入睡”……

开始时，领导觉得年轻人发发牢骚倒也正常，可过了很长一段时间，他依旧是牢骚满腹，工作质量也很让人失望。公司对他失去了耐心，决定把他调回总部，从事文案整理工作。

三年之后，沉默一段时间的奥西姆又开始抱怨了起来。因为当初那些和他一起在糟糕环境工作的同事都悉数被调回来，并分别得到晋升。唯有他，每天依旧在整理着各种文件。

奥西姆的遭遇缘于自身意志品质的薄弱，缘于吃苦耐劳精神的缺失，更是缘于在面对前途和命运的考验时，没有放手一搏的雄心壮志。“天将降大任于斯人也，必先苦其心志，劳其筋骨，饿其体肤，空乏其身，行拂乱其所为”，但凡想取得一些成就的人，总是要忍受许多的痛苦和磨难。为什么其他人不去抱怨？为什么其他人可以忍受恶劣的工作环境？所以，不要抱怨别人没给你机会，也不要抱怨上帝对你不公平，其实是你自己放弃了挑战困难的时机，放弃了人生的大好机遇。

幸福和成功来源于你自己的努力，抱怨是没有任何帮助的。不管当下的你正处于怎样的生活状态，请记住，一切都要靠你自己。

亨利·内斯特莱是雀巢公司创始人。他年轻时，有一次路过一块农田——这里刚刚遭遇洪灾，原本长势良好的庄稼都毁掉了。正当他为此感到惋惜时，一个在田里劳作的农民引起了他的注意：庄稼已经都毁了，他还在卖力地忙什么呢？

原来，这位农民正在重新种庄稼，脸上似乎没有一点不情愿或是生气的神色。“辛辛苦苦种出的庄稼，就这样被洪水毁掉了，难道您一点不生气吗？”亨利好奇地问。

农民擦了擦脸上的汗水，说：“抱怨是没有一点效果的，那样只会使事情变得更糟糕。这都是上帝的安排，您看洪水虽毁坏了我的庄稼，却带来了丰富的养料，我敢保证今年一定是个丰收年。”

后来，亨利成为一名药剂师。为了发明出更优质的奶制品，他经历过无数次失败。可每次失败以后，他都会想起那位农民的话，不生气，不抱怨，仍以积极的心态投入到下一次试验中去。

经过不懈努力，他成立了自己的食品公司，从此开创公司百年辉煌的历程。

与世界上大多数不幸的人相比，我们都没有谈委屈的资格。经受着百般磨难的他们都能把苦痛咽到了肚子里，我们的抱怨又能赢得谁的同情呢？

不抱怨是一种美德，一种超脱，一种境界，是自我精神的升华，是从容应对一切挑战的人生态度。远离抱怨，接受现实，从改变自我的点滴开始，从为了你的生命而努力加油开始。

【让坏情绪不再纠缠你】

比尔·盖茨说：“人生是不公平的，习惯去接受它吧。请记住！永远都不要抱怨！”时过境迁，当你回首往事时就会发现，曾经的那些委屈、挫折和磨难可能正是上天赐予你最好的礼物。怨天尤人只会让你更加颓废，抱怨只会让你对生活更加失望，幸福的生活需要你自己的努力，抱怨真的没用，一切只能靠自己。

不要把流言蜚语太当回事

鲁迅在《并非闲话》一文中曾经写道：“对于谣言，我是不会懊恼的，如果懊恼，每月都得懊恼几回，也未必能活到现在了。”谣言止于智者，那些正直聪慧的人是不会被谎话所蒙蔽的，而制造传播流言者大都是一些心灵不够阳光的阴险之人。既然如此，我们又何必太在意这些人的说辞，身正不怕影子斜，做好自己该做的事，让那些流言蜚语都见鬼去吧！

俗话说，谁人背后不说人，谁人背后无人说。随着网络的迅速发展，各种流言蜚语在虚拟的世界里肆意传播。歌星杨坤被谣传“吸毒被抓”，武侠小说泰斗金庸被“去世”二十余次，央视节目主持人白岩松被“辞职”的虚假新闻在网络上比比皆是。

这些谣言本都是些无中生有、歪曲事实的谎言，可造成的伤害却不容小觑。中国无声电影的代表人物阮玲玉深受流言所害，因为情感的变故，一些关于她盗取钱财、不守妇道、三角恋爱的污蔑和谩骂不绝于耳，最终摧毁了她的意志，在事业最辉煌时期选择了自杀，留下了“人言可畏”的四字遗书。

我们无意讨论遗书的真伪，但是流言蜚语的杀伤力之强，危害之大，可见一斑。一个人的误解，就足以让我们感到委屈，更何况是铺天盖地的无端指责和恶意污蔑呢。我们没有办法管住别人怎么说，我们只能选择在面对流言时的态度：是置之不理，还是自我毁灭。

赵红是一名普通的中学老师。除了日常的授课工作外，她还热心公益，私下里还义务帮助贫困家庭的孩子辅导功课。

赵红在学校很受学生欢迎，每年都会被评为优秀教师，也因此遭到不少人妒忌。一个同事无意间知道了她在校外补课的事，便在背后诋毁她，说她背着学校领导在课外开小班挣外快。结果，一传十,十传百，谣言竟也为众人所相信，甚至学校领导还找赵红谈了话。尽管她再三解释，还让她辅导过的孩子出面澄清，可仍然没人相信她。

后来，她家人也听说这件事，起初也不相信，可说的人多了便不能不信。丈夫怀疑她私藏小金库，或是背着他有外遇，不然家教挣的钱为什么没交给家里？百口莫辩的她几近崩溃，每天精神恍惚，表情呆滞。她在学校的工作表现一落千丈，而家庭也走到了破碎边缘。

越是优秀的人往往招致的流言越多，如果对这些流言耿耿于怀，不仅会影响生活和工作，也有可能酿成悲剧。我们生活中总有一些人，不思进取却总是躲在阴暗角落里故意制造事端，蓄意中伤那些比他们优秀的人。此时，如果对这些鬼蜮伎俩太过在意，就恰恰落入阴险的圈套。

做人就要出淤泥而不染，只要你问心无愧，只要你行得端、坐得正，就不需要把那些流言蜚语放在心里。更为重要的是，即使你失望委屈，即使你用自我伤害的方式，却依然堵不住这些人的嘴。唯有做一个更好的自己才是对那些流言最有力的回击。

在美国，有一位女子得了一种怪病——马凡氏综合征及脂肪代谢障碍。她的身体无法储存脂肪，体重只有26公斤，瘦得像一副骷髅。她右眼完全失明，各种生理缺陷不胜枚举。

由于古怪的外表，她自幼就受到各种嘲讽和排挤。在17岁时，她在社交网站上无意间发现一部短片《世上最丑的女人》，而女主角竟然是她自己。原来，有人把偷拍她的视频放在了网上，并以“史上最丑女人”为噱头来吸引网民关注。这部短片的点击率很快就突破400万次，对她的流言蜚语更是铺天盖地袭来：“为什么她长成这样父母还肯要她”，“用火烧死她”，“她应该自行了断”……

她没有在这些恶语中伤中选择沉落，而是以网络力量以暴制暴。她申请了自己的社交账号，在网络上分享自己的生活。订阅人数瞬间超过了30万。她还把自己的经历拍成纪录片，不仅在网络上分享，还搬上影院的大荧幕。除此之外，她力推国会通过首款反欺凌和污蔑法案，以此来保护那些和她有相同遭遇的人，并希望通过这样的方式让他们重拾信心。

人活在世，被流言蜚语所伤在所难免，想让自己收获更多的快乐，就不要在乎别人的说三道四。换言之，别人对你的中伤，也恰恰说明了你的优秀和与众不同，那就不要让他们失望，在沉默中积蓄力量，做一个让所有人都无话可说的了不起的人。

【让坏情绪不再纠缠你】

著名舞蹈家、脱口秀节目主持人金星在其散文集《掷地有声》中有这样一段话：“对付那些流言蜚语的最好办法就是：管自己往前走。等你走到山顶了，他们的唾沫星子根本伤害不到你。”一个人只要乐观豁达，光明磊落，就不会被流言所击垮。如果你有笑看风云的胸怀，有直冲云霄的气魄，那么任何的流言蜚语都奈何不了你。

真正的勇者敢于认错

“人非圣贤，孰能无过？过而能改，善莫大焉。”犯错并不可怕，可怕的是明明错了却死不认错。一个人不能勇于直面自己的错误，就不可能虚心地从自己的过失中总结教训，在改正错误的同时，避免未来再出现类似的问题。犯错并改错，是人生的必修课。不肯认错的人，注定一事无成。

在加拿大，有一部非常有趣的《道歉法》，为的就是缓和人与人之间的紧张关系。在日常生活中，人们难免会因为自己的过失而与其他人产生一些摩擦。每逢这时，只要认个错、道个歉，说声“对不起”，就能大事化小，小事化了，彼此之间甚至还能化敌为友，化干戈为玉帛。

但是很多人却不能明白这样的道理，明明自己做了错事，却铁嘴钢牙，巧言令色，用尽一切办法来掩盖自己的错误。殊不知，任何企图掩盖错误的努力都是徒劳，错了就是错了，早些认错反倒更容易得到别人的谅解，免得自食恶果、身败名裂。

前些年，交管部门计划通过说服教育和罚款的方式，杜绝行人闯红灯的现象。短短几天时间，那些闯红灯的行人在面对处罚时所表现出的丑态，让人啼笑皆非。

在沈阳，一名男子被警察拦下后，拒不承认自己的错误，更不肯接受警察的处罚，最后被逼无奈，掏出钱来随手一扔，愤懑地说，“随便你罚，明天我还来闯红灯，你们接着罚！”

在南昌，一名男子同样不服交警的管教，掏出一百元的钞票，不等警察找零，便恶狠狠地说："100 元不用找了，够我以后闯 10 次了，提前给你了。"

在杭州，一名中年女子不仅拒绝接受罚款，还冲着年轻的交警又哭又闹，大喊大叫，坐在地上非说警察欺负人。站在一旁的交警一脸无奈的神情。

不仅是普通的民众，在那些身居高位接受过良好教育的精英群体中，也不乏死不认错之人。时任洛克菲勒大学校长，曾获得过诺贝尔奖的著名生物学家巴尔的摩，被怀疑论文数据造假。他为了自己的颜面而拒不认错，并狡辩说实验研究中出错属于正常，但不是造假。后来随着社会影响愈发恶劣，美国国会组成一个调查组介入此事，可巴尔的摩却拒绝配合调查组的调查工作，并声称这是政治干预学术的行为。最后，学校董事会决定，一个劣迹斑斑还不肯直面错误的人不适合担任学校的校长，巴尔的摩被迫辞职。

不管你处在怎样的社会地位，生活在文明社会之中，就应该对自己的行为负责。做了错事，不仅不肯认错，不仅不觉得羞愧，竟然还理直气壮，百般狡辩，甚至还觉得自己受了委屈，可到头来不仅得不到的别人的谅解和宽恕，反倒成了笑柄，弄得自己下不来台，实在有些得不偿失。

"红灯停，绿灯行"，"知错就改"这是连小朋友都懂得的道理，为什么我们自己却做不到呢？主要还是因为很多人把"面子"看得太重，觉得自己主动认错或是向别人道歉，就是一种示弱的表现，从而让自己颜面尽失。其实，一个知错不改的人更让人看不起，连自己的错误都不敢承担，这样的人其实更加懦弱，哪里有什么"面子"可言。

孔子最得意的门生子贡曰："君子之过也，如日语之食焉；过也，人皆见之；更也，人皆仰之。"一个人的口碑和声誉来源于别人对你品行的尊重和认同。犯了错就诚恳地低下头，向所有人发自肺腑地说声"对不起"，然后暗自发奋改正错误，让未来的自己变得更加出色和完美。这样的心胸和气度，不是更值得别人所尊重吗?

时任巴拿马总统里卡多自上任伊始，就对本国的护照不甚满意，并确定对护照进行一次整改。由于时间紧迫，新护照上的国徽图案出现了错误，而里卡多起初并没有发觉，直到新护照发到了民众手里，他才意识到这个错误。

一个国家的国徽竟然弄错，这对这个国家来说简直是无法接受的耻辱，里卡多决定自己承担这个错误。他在发现错误的第二天发表电视讲话，向已经拿到护照的 4 万人道歉，并逐一念出他们的名字。

他计划用 50 个小时，念完所有人的名字，可整个电视讲话持续到 3 个多小时，所有巴拿马的人民都为这位总统的真诚致歉而感动了。此时已经没有人再去在乎总统究竟犯了什么错误，让他们关心的却是总统的身体。当有人劝他结束电视讲话时，他却坚定地说："如果我连为自己承担错误都做不到，谁还能指望我来为这个国家承担些什么呢?"

电视讲话进行到将近 4 个小时，巴拿马的人民一同高喊着："总统先生，我们原谅了你!"直到这时，里卡多才停了下来，并真挚地鞠了一躬说道："谢谢我可爱的人民。"

自己犯了错就要敢于认错，这不仅能体现你的宽广的胸襟和对责任的担当，更是化解矛盾、平息事态的有效方式。把认错当成一种习惯，我们每一个人都会变得更真诚、更包容、更和谐，而那些敢于认错的人，往往也更容易得到别人的尊敬。

【让坏情绪不再纠缠你】

英国诗人马罗说："永远不要因承认错误而感到羞耻，因为承认错误也可以解释为你今天更聪敏。"我们每个人的内心深处都隐藏着不肯见人的错误，害怕别人看到我们的愚蠢和欺骗，害怕让自己失去赞美和尊严。但一定不要忘了，隐藏的东西也早晚会被别人看见，以诚恳的态度承认自己的错误，反倒是一个勇者最充满智慧的选择。

战胜胆怯才能超越自我

一个人一生之所以平淡乏味、碌碌无为，大都是因为胆怯。他们怕黑、怕鬼、怕昆虫、怕危险、怕未知的挑战、怕承担责任。在充满恐惧的世界里，天空只能是单调的灰色。因为胆怯，他们错过了太多跌宕起伏，错过了太多人生际遇。所以，不要给自己贴上胆小的标签，对于每个热爱生活的人来说，勇敢并非是遥不可及的奢望。

人生中最大的痛苦，不是失败，而是还没有任何经历就已经输掉了一切。付出了、努力了，即便最后的结果不尽如人意，至少也让自己的人生不再有悔恨。但如果因为胆怯，连尝试的机会都不留给自己就匆匆选择了逃避，那么你的人生就注定只能在无尽的失望中度过。

小敏出生在一个富裕家庭。她从小就没有吃过什么苦，也没有经历过什么挫折。从小，她就是一个乖乖女，从来没有做过什么出格的事，且学习成绩一直很好。高考之前，所有人都以为她一定能考上全国最好的大学。

可天不遂人愿，因为发挥失常，她高考分数不理想。老师和家人都劝她复读一年，重新再考一次。可她因为害怕失败，所以决定不再复读。

毕业后，她每天都勤勤恳恳，任劳任怨地工作。为给她一个锻炼机会，领导让她作为领队带领新进公司的管培生去外地参加拓展训练。可是，她却怀疑自己能力不足，因为她从没有独自面对过如此之多的新人。想到自己要在众目睽睽之下进行宣讲，想到自己要安排那么多人的生活起居，她感到胆怯，竟然回绝了领导的好意。

后来，她在网络上认识了一个男孩。他们互换过照片，互相讨论过对生活的渴望，成为无话不谈的挚友。此时，小敏也已经偷偷爱上了男孩。很多次，她都鼓足勇气想去表达，但因为害怕遭到拒绝，最终还是把爱意深深地埋在了心底。直到有一天，男孩发过来一条信息，让小敏对生活彻底失去了信心："我要结婚了，祝福我吧！"

数年之后，从事业和感情阴影中走出来的小敏做了一件有史以来最勇敢的事——独自去旅行。在海边，胆小的她被导游活生生地拽到高速汽艇上——这是小敏有生以来第一次有如此激情刺激的体验。当海风从耳边呼啸而过时，她落下了泪水，因为她终于知道，人生中所有事都不值得胆怯。

在我们人生中，的确会要面对很多挫折，会遇到很多未知的挑战，不管结果如何，如果你连尝试去做的勇气都没有，你就永远不能收获成功的喜悦，不能战胜另外一个自己。

胆怯只是一种借口，让自己免受失败的借口。人生最大的败笔就是没有勇气去接受挑战，只得把自己对事业、爱情和生活的美好渴望统统埋葬在心里，然后心有不甘地过着毫无意义的生活而虚度光阴。如果你连这样的结局都不感到恐惧，世间还有什么值得你胆怯的呢？

人之所以会感到胆怯，就是因为顾虑太多。很多事只有尝试以后才知道并没有那么可怕，很多人只有勇敢以后才知道自己竟也有着如此之大的勇气和潜能。有一个笑话，说是一位老员外为了招得一位勇敢的女婿，决定把穿越鳄鱼池作为对征婚者的考验。就在大家望着凶残的鳄鱼望而却步时，一个勇士跳进了水里，并以很快的速度游到了鳄鱼池的对岸。就在大家为他的勇气纷纷喝彩之时，这位勇士却气愤地说：“谁那么缺德，把我推了下去？”

这虽然只是一个笑话，但也说明了我们眼中的威胁其实并没有想像中恐怖，我们之所以退缩还是缘于对自己能力的不自信和对理想目标的不够坚定。所以，如果你能够确定某件事是正确的，是对你有着特殊意义的，那么就请你忘掉所有威胁和风险，义无反顾地去努力就可以了。

2013 年 5 月，在伦敦街头发生了一起恐怖袭击，恐怖分子手持利刃疯狂地向四周的人群咆哮着，有人在袭击中遇害身亡。

就当所有人陷入了深深的恐惧时，一名中年女子神色平静地走到了恐怖分子面前，并语重心长地奉劝他们投降。也许是女子的话语打动了嫌犯，他们激动的情绪得到了安抚，直到警察将他们带走，没有其他人再受到伤害。

事后，当有记者问到她是否为自己的生命安全感到担忧时，她微笑着回答说，当时的自己并不感到害怕，她要保护现场的孩子们，宁肯让自己直面危险。

一个人的信念具有战胜一切危险的力量，为了你的生活和理想，为了你爱的人和爱你的人，只要你能有不惜付出任何代价的决心，那么你就能够成为一个不再胆怯而始终勇敢的人。

【让坏情绪不再纠缠你】

拿破仑时期英国著名的海军上将西德尼·史密斯说：“大量的人才失落在尘世间，只因缺少一点儿勇气。”因为胆怯，所以逃避；因为逃避，所以失去。我们不该让自己在尘世间失落，一个成功者与普通人的差距或许就是，多了一点的勇气，而少了许多的胆怯。

第三章
改变自我，用新姿态驱赶坏情绪

每天都被糟糕的心情所困扰，唯一的出路就是改变自我。眼前的现实无法改变，我们的心态却可以改变。与其被苦恼纠缠，痛不欲生，不妨换个角度看待人生，换个心情享受生活。凡事看开些，看远些，看淡些，不逃避、不退缩，勇敢地面对现实，乐观地面对生活，坚定自己前进的方向，享受自己人生中的快乐，不就远离坏情绪了吗?

自省，让你成为生活的智者

“一日三省吾身”是君子每日修身养德必做的功课。它告诫人们要时常自省，时时反省。只可惜，在这个物欲膨胀时代，能做到的人寥寥无几。我们对别人和外部的世界总是太过关注，却往往忽略对自我的认知。发现自我以外的缺憾并不困难，难的是找到自己身上的毛病。唯有自省，才能使人深刻意识到自己的错误和不足，才能使人迷途知返，不再重蹈覆辙，找到人生正确的方向。

前两年，木制的手串在中国销路很好，于是一些人便铤而走险到某些政局不稳的东南亚国家走私木材。定金交了，该疏通的关系也都打理好了，却被当地警方逮捕了，木料最终还是没运回来，落个财物两空的下场。

这些人被释放回国以后便整天抱怨，说那个国家的商人不讲诚信，警察像强盗等。他们把别人数落了一遍，唯独没有反省自己的问题。为了挣钱，到本来就危险的环境之中去做一些违法勾当，最后不仅赔了钱财，还锒铛入狱，这实在怪不着别人。网络中有句话说得好，“不作死就不会死”，说的就是这个道理。

对别人再微小的瑕疵，也总能明察秋毫；对自己显而易见的不足和缺点，却总是视而不见。不懂得自省的人，永远是浑浑噩噩糊里糊涂地生活，整天只知抱怨别人的种种不好，却不肯虚心反省自我；不懂得反省的人，总是在同一个问题上反复犯错，总是在同一个坑里来回摔跟斗。

在美国，有一位牧师，主持过很多新人的婚礼。他外表看上去非常和蔼可亲，可对自己的儿子却非常严厉，经常因为一点小事要把儿子教训一通。父子俩经常吵得面红耳赤。

在一次激烈争吵之后，儿子选择了离家出走。焦急的牧师找到了当地一位教育学者，诉说自己的苦衷。学者还没开口，牧师就愤怒地细数儿子的种种不是：总和父母顶撞、晚上很晚回家、背地里偷偷饮酒、棒球比赛时打伤了同学等。话没说完，牧师就流下了眼泪——他担心儿子现在的安危，更不知道儿子为什么那么叫人操心。

学者听了他的抱怨，语重心长地说："你每天都在指责着儿子的不是，让他觉得自己就是一个无法变好的孩子，自己永远不会得到父亲的欣赏和喜爱。儿子变成今天的样子，您有没有想过自己该负怎样的责任？您每天都在为别人送去祈福，为什么不能对自己的儿子多一些宽容和赞美呢？"

学者的话让牧师恍然大悟。作为一名父亲，他的确非常失职。他一直在埋怨孩子，竟然没想到所有问题其实都出在自己身上。

自省可以引发我们对过往经历，特别是失败经历的反思。在反思过程中，我们可以总结失败的教训，让自己的心灵得到救赎。自省就像是电脑里的杀毒软件，可以把我们内心中所有病毒都扫描出来，并启发我们找到杀毒的最佳方式。随着我们内心愈发干净和清澈，生活也会随之变得舒心起来。如果牧师能够多一些自省，或许儿子就不会离家出走，他也就不会那样悔恨和懊恼。

一个人一旦具备了自省的能力，便可以控制自己的欲望和冲动，驾驭自己的思想和心情。因为自省会让人体会到一种来自内心深处无穷力量，会让人在应对各种挫折和挑战时表现出一种连自己都无法相信的潜力。不仅如此，我们还可以通过自省这面镜子，客观真实地认识自我，获得真正的智慧。

美国著名投资公司 GMO 在刚刚起步时，公司投资人杰里米为公司招聘了几位新人，其中一位叫杰瑞塔。杰瑞塔看上去非常普通，所有人都不对他抱希望。可三个月过去之后，杰瑞塔的销售业绩却名列前茅，这让杰里米非常意外。

原来，杰瑞塔自上大学就有“照镜子”的习惯，并把这个习惯一直坚持下来了。他每天都会给自己制定各种计划，晚上回家时便对着镜子自言自语，回顾这一天以来计划完成的情况，哪些做得好，哪些做得不好。日积月累下来，杰瑞塔对自己的长处和短处都能了然于胸，并能在实际工作中扬长避短。所以，他才会取得如此骄人的销售业绩。

兴奋的杰里米决定让杰瑞塔给全公司的销售人员做一次演讲，题目就是《照镜子的哲学》。后来，杰瑞塔成为公司销售总监，在全球各地都有他们的业务伙伴。

“照镜子”就是一种自省。人贵有自知之明，这个世界上最难解的谜题其实就是我们自己。通过自省，通过对自己的剖析，能够帮助我们抖尽身上的灰尘，够帮助我们找到解开谜题的钥匙，帮助我们在黑暗中找到有光明的方向。学会自省，让我们拥有超越自我的力量，让我们成为生活的智者。

【让坏情绪不再纠缠你】

苏联大文豪高尔基说：“反省是一面莹澈的镜子，它可以照见心灵上的玷污。”人需要自省，因为每个人都难免有着不足和缺点，通过自省能够让我们不断进步日臻完善，也能够让我们在人生的长河中始终行驶在正确的航道上而不至于迷失方向。

成功的关键在于勇敢迈出第一步

等待会让人变得懒惰，踌躇会让人变得胆怯，逃避会让人变得懦弱。千里之行，始于足下。成功之路固然不会一帆风顺，但只要你勇敢地迈出第一步，就已经成功一半。要让自己成为一个实干家而不是空想家，掌声和鲜花永远停留在终点上，只有迈出第一步并不断激励自己向前，我们才会达到成功的彼岸。

有人说，世界上最遥远的距离是头与脚。一个人把对未来的所有规划统统存放在头脑里，却始终不肯勇敢地迈出第一步，那么这个人注定不会成功。只在岸边比划却不肯下水的人，注定成为不了游泳健将；只知道如何瞄准却从来不开枪射击的人，注定成不了神枪手；只会对别人的作品评头论足，却从来没有拿起过画笔的人，注定成不了优秀画家。

雏鹰只有经历过无数次坠落，才能展翅翱翔；幼马只有经历过无数次跌倒，才能驰骋万里。一个人无论拥有怎样的智慧、力量和优越的先天条件，必须敢于将自己的梦想付诸实践，在风雨蹉跎中去磨炼自己，才能最终成为一个了不起的人。

在行动成功学中，有这样一个寓言故事：有一位智慧卓越的智者，他每天穿着破旧的衣服，坐在树下乘凉。

很多年轻人都来向智者请教如何能让自己变成有钱人，唯有村里最穷的一个人却从来不向老智者请教。

智者说："要想让自己拥有财富，首先要拥有智慧，因为智慧能够武装人的头脑。"大家纷纷点点头。

智者继续说："除了拥有智慧，还有拥有力量，足够强壮的身体能够克服许多困难。"大家又点点头。

"拥有了力量之后，还要拥有勇气"……

日复一日，年复一年，智者每天坐在树下对别人侃侃而谈。十年过去了，智者依旧衣衫褴褛，生活潦倒，而曾经那个穷人却变成村里首富。大家都觉得奇怪，他从来没听过智者传授经验，又是凭什么把自己变成一个有钱人的呢？他拥有了智慧、力量、勇气还是别的什么呢？

那位曾经的穷人笑着说："我也不知道自己拥有了什么，反正我每天都去拣一些瓶瓶罐罐来卖，虽然辛苦但钱却越攒越多，也就成为今天的样子。"

这个故事告诉我们：很多时候，很多事情，并非我们做不好，而是我们根本没有去做。或是因为恐惧，或是因为懈怠，始终没有尝试去做出一些努力，没有迈出通往成功的第一步。行胜于言，任何一次不完美的尝试，都胜过于完美无瑕的空想。只有持续不断的努力实践，才是成就自我的关键。

勇敢迈出第一步，即使是失败，那也是成功的开始；勇敢迈出第一步，即使有失望，那也能汲取智慧；勇敢迈出第一步，即便前路渺茫，那至少也在向终点靠近；勇敢迈出第一步，即便要付出更多血汗，那也能让自己永远走在别人前面。

高楼万丈平地起，无论人生有怎样的目标，总要从第一步开始。守株待兔得不到幸运的垂青，只有敢于行动者才有资格享受丰厚的果实。铸就一段精彩的人生旅程，重要的不是多么完美的规划设计，而是要我们脚踏实地勇敢地走出来。

被誉为世界上最伟大的销售员乔·杰拉德，每次和陌生见面时，也不管对方是什么地位和身份，总是第一时间递上自己的名片。他每次去餐厅用餐完毕之后，总是在账单下面放上两张名片。甚至在现场观看体育比赛时，当所有人都热烈欢呼时，他也会把不计其数的名片随手扔出去。

他这样做的目的就是为了能让更多人注意到他，认识到他。即使对方暂时没有购买商品的意愿，但知道了他的名字，也总有一天会找他的。

在他看来，惊人的销售业绩不是等来的，而在于做好每一个细节，在于通过一点一滴的努力行动。

成功没有捷径可言。不积跬步无以至千里，想要达到卓越，就要从行动开始，从每一个不起眼的细节开始，从每一段征程的起点开始，一步一步地去实现它。

收获成功对每一个人来说都是最大的幸福，我们都有机会成为这样幸福的人。只要别让自己继续等待，只要别站在原地一动不动，只要为了这份幸福去努力做点什么，只要在行动以前再多一点的勇敢，那么实现梦想的那天就会距离我们越来越近。

【让坏情绪不再纠缠你】

世界著名潜能大师安东尼·罗宾说：“人生任何的伟业不在于能知，而在于能行。”获得成功的条件不是你知道多少，想到了多少，而是你究竟为此做了什么。无论你怎样规划自己的人生，总要勇敢地迈出第一步，总要让自己行动起来。当你真的开始向梦想进发时，那些对未知的恐惧就会逐渐消散，你才有机会去改变自己的人生。

坚定的信念是战胜一切的法宝

人之所以能够顶住压力和负担，能够在狂风暴雨中继续前行，就是因为我们知道自己为什么而活。人活一世，总要有自己的精神追求和信仰支撑，总要有自己愿意付出一生心血去追求和坚守的信念。有了这份信念，便可以把控好人生的方向，任凭风吹雨打，管他泰山压顶，我们都能够义无反顾、从容向前。

今天，我们的物质生活越来越丰富，可精神世界却变得越来越匮乏。有的人不知道自己为什么而活，没有追求和目标，就像一具行尸走肉，每天浑浑噩噩醉生梦死地生活。今朝有酒今朝醉，完全不去管明天会发生什么，因为明天也不过是今天的简单重复。他们找不到生活的价值，体会不到生活的意义，对自己的人生充满了失望，只能用麻痹自己的方式来勉强维系着生的气息，归根结底还是他们缺少自己的信念。

球场上的球员能够带伤上阵，为了球队的荣誉，任凭鲜血染红自己的球衫，靠的是一种信念；革命先烈在敌人面前临危不惧，为了民族的解放，宁愿献出自己宝贵的生命，靠的是一种信念；一位被人民铭记的好官，在各种诱惑面前能够洁身自好，始终坚守做人为官的底线，靠的是一种信念；汶川灾区的父老乡亲们，能够在废墟上重建家园，能够重新以乐观的态度找到生的希望，靠的也是一种信念。

所谓信念，就是一个人的人生观、世界观和价值观的集中体现，它是人们内心世界的精神支柱，是指引人们前行的灯塔。它能够给人们带来希望、勇气和毅力，能给赐予人们创造奇迹的力量。

美国著名短篇小说家欧·亨利在《最后一片树叶》中讲了这样的故事：

一个病人在病床上绝望地等待着死神降临。他凄凉地望着窗外只剩下一片绿叶的枯树，心中早已经万念俱灰。他心里想，等那片唯一的树叶掉落时，或许就是他生命的尽头了。

但是，他等了很久很久，那片树叶始终没有掉落，每当他向窗外望去的时候，总能看到这棵枯树上唯一的绿色，向他宣示着生命的顽强。也许是受到了触动，这位病人的病情不仅没有加重，反而日渐康复起来。直到他痊愈，那片树叶依旧挂在树枝上。

后来他才知道，为了帮助他战胜病魔，一位画家以其高超的技艺制作了一片假树叶。他看到的根本不是真树叶，却给自己带来了生的希望。

这就是信念的力量，它能让一个绝望的病人重获新生，也能让一个普通人燃烧着热情和青春，用一生的时间去兑现自己许下的每一个承诺。生命的顽强不屈，缘于对信念的坚守；生命的非凡价值，缘于为信念而拼搏、为理想而努力的执着与坚毅。

人不怕遭遇打击，怕的是没有信念，怕的是随波逐流、彷徨失措，怕的是为了活而活。所以，我们要为自己设定一个理想，找到一个信念。或是为了自己的家人，为了自己的事业，又或是为了自己的国家和手足同胞，只要是美好和正义的，并能够坚持不懈努力下去的，都能够成为信仰和信念。

有了这份信念，我们就能够战胜各种艰难困苦，忍受各种伤病和痛苦，能够让我们逾越一切障碍，迈向人生更遥远的方向。

2002年诺贝尔文学奖获得者凯尔泰斯·伊姆雷小时候非常愚钝。有一次，他做了一个梦，梦见自己写的文章获了奖，还受到了国王召见。母亲告诉他，上帝把一个看似不可能的梦放在他的心中时，实际上就是想帮助他实现这个梦想。

“只要我经得住考验，上帝都会来帮助我的。”怀着这样的信念，凯尔泰斯·伊姆雷开始笔耕不辍地写作。

后来，第二次世界大战爆发，凯尔泰斯·伊姆雷被希特勒的军队关进了奥斯维辛集中营。在那个如同人间炼狱的环境里，他依旧坚持写作，并依靠着自己的信念活了下来。在未来的日子里，他把这段经历写成一些系列文学作品，并最终梦想成真。

在谈到获奖感受时，凯尔泰斯·伊姆雷说过这样一段话：“我只知道，当你说‘我就喜欢做这件事，多困难我都不在乎’时，上帝就会真的来帮助你了。”

正在为生活而感到迷茫的人们，不妨静下心来想一想，是否有一个信念，值得你倾尽毕生精力去守护，哪怕以生命为代价也在所不惜。苦痛不必去计较，危险也不必去恐惧，只要我们还活着，就该为一个伟大的信念而坚强地走下去，直到生命的尽头。

【让坏情绪不再纠缠你】

科学家爱因斯坦说：“由百折不挠的信念所支持的人的意志，比那些似乎是无敌的物质力量具有更大的威力。”只要你找到人生为之奋斗的意义所在，就不要再去理会它有多么遥远和多么艰难。坚定的信念就是你最好的武器，它能够帮助你清除一切障碍，你只管昂首挺胸大步向前。

接受现实是走向成熟的必修课

或许是习惯了半醉半醒间的虚幻，或许还沉浸在温柔如梦的往昔，于是乎，现实就成为我们眼前最大的仇敌。有人说，时间会沉淀最真的感情，风雨会考验执着的心愿。走远的都已是过眼云烟，留下的才是最值得珍惜的陪伴。的确，有些回忆已经渐行渐远，有些美好也从未曾在生活降临，唯有眼前的一切才是最该关注的现实。接受它，才有改变它的可能。

每个人都会遇到不如意的时候，会遇到自己不想面对的事情，于是有的人选择逃避——选择做一只将头埋进沙土的鸵鸟。可是逃避过后，生活仍然还是原来的模样，什么都不曾改变，该失去的还是要失去，该承担的还是要承担，该接受的还是要接受。既然如此，又何必自欺欺人呢？早一天认清现实并接受它，就会早一天让自己变得更加成熟和坚强。

理查德曾经是一个富家子弟。他父亲的食品公司在当地很有实力。在所有人看来，他无疑是幸运的——他未来注定要接父亲的班，过着衣食无忧的贵族生活。

读大学时，由于没有压力，他每天穿着名牌、开着跑车在学校里闲逛，篮球场、化装舞会处处都有他的身影——他成为很多女生心中的白马王子。

随着欧洲经济的萧条，他父亲的公司由于经营不善欠下了巨额债务，最终宣告破产。理查德的生活一下子变得潦倒起来。他没有去找工作，因为他不愿意接受父亲破产的现实，还幻想着父亲有一天能东山再起。

之后，理查德每天沉浸在酒吧夜店疯狂的气氛里，仿佛这样就不会再为生活而苦恼。为了自己的虚荣和面子，他向别人借钱去买维系他体面的生活。有人劝他去餐厅打工，虽然挣的钱不多，至少能维持生活。可他却觉得自己从小没有吃过什么苦，根本干不了，更何况如果被以前的同学和朋友看到一定会被嘲笑。

终于有一天，在错过了三顿正餐之后，身心俱疲的理查德晕倒在酒吧的柜台前……

凄凉的夜每天都会不约而至，萧瑟的秋风总是连一个招呼都不打，就吹散了夏日里仅存的绿的生机。悲欢离合，阴晴圆缺，世间万物不会因为我们不喜欢、不愿意，就向着我们希望的方向发展。人类的痛苦来源于对现实的排斥，对过往的沉迷贪恋会让人变得抑郁，对未来的过分幻想会让人变得焦躁，只有眼前的现实才是我们能抓住的救命稻草。

不能拥有的就让自己放弃，没人陪的时候就学会一个人走走；高考落榜了无非是好好准备来年再战，感情破碎了顶多在征婚网站上申请一个账号；事业失败了那就从头再来，家境败落了那就靠自己的双手白手起家。即便灾难真的已经降临，即便我们已经预见到了生命的尽头，那也没必要自怨自艾，悲观绝望，打起精神来好好生活，谁说奇迹不会降临到我们身上呢?

生活就是这样艰辛，却也是那么容易。接受现实，我们才有战胜困难的可能，才有改变现实的机会；接受现实，我们才能跟内心受伤的灵魂交谈，和千疮百孔的生活握手言和。所以，当一切已经木已成舟的时候，我们就去接受它，然后用自己积极的人生态度去扭转不利的局面。

在江西，有这样一位平凡而伟大的父亲。他儿子自小就患上了自闭症。为了给孩子治病，他跑遍全国各大医院，花尽了家里所有积蓄。

由于孩子无法与人正常相处，他辞掉了本来很好的工作，专心照顾在家照顾孩子，时时刻刻陪在孩子身边。他每天洗衣做饭，尽一切可能营造出一个让孩子觉得安全的环境。渐渐地，青丝变成了白发，他和外界几乎失去了所有联系，每天除了看书再没有任何属于自己的生活。

他曾尝试把孩子送进幼儿园，都以失败告终。在别人的质疑、嫌弃、抱怨声中，他也曾绝望过，痛苦过。他不知道上天为什么要这样对待自己，自己究竟做错了什么不得不接受这样沉重的惩罚。有时候发起脾气，他甚至会动手打孩子，可是打完之后又陷入深深的悔恨。

在一段时间沉沦之后，他重新振作起来，真正接受了孩子患病的事实。他认为自己并非不乐观，只不过是不爱诉苦而已。在他看来，生活中的每一个人都是委曲求全的，既然没有更好更新的选择，既然上天已经赐予了我们，就应该努力接受这个现实。

在他的努力下，孩子的病情在一天一天出现好转。

和这位伟大的父亲一样，有些事也曾使我们感到自己正面临着世界末日，明明自己没做过错事，凭什么要受到上天如此不公的待遇？每当这时，我们都要坚定地告诉自己：对于已成事实的事，我们只能去接受。而看似悲惨的人生，往往也是在接受现实之后才会出现新的转机。

【让坏情绪不再纠缠你】

捷克小说家卡夫卡说：“假如世界和你发生了对立，你要站在世界的一边。”接受所有不公，接受生命的真相。接受不是妥协，而是帮助我们适应当下的生活，并对周围的事物和环境做出理性客观的评价，使我们不会深陷于无尽的哀怨或是沉迷于不切实际的幻想当中，使我们重新拥有勇气向各种困难和挫折发起挑战。

你的生活负担不起太多的欲望

随着收获越来越多，人们的欲望也越发膨胀。少一点的欲望，尚能让人踏实地生活，让人拥有前进的动力。可一旦欲望多了起来，内心就会变得不安和焦躁。“乱花渐欲迷人眼”，当一个人想要的东西太多，这种冲动便不再是人生的驱动力，反而会让我们沦为欲望的奴仆。

在《佛说八大人觉经》中有这样一段经文：觉知多欲为苦，生死疲劳，从贪欲起；少欲无为，身心自在。意思大概是说，人有了太多欲望就会痛苦，生命轮回中的疲惫和烦恼多因贪欲而起。减少欲望，不随意妄为，身心就能得到真正的自在和解脱。

曾经有这样一篇新闻报道，一个正处花季的 17 岁少女，由于贩毒被警察抓获。让所有人大跌眼镜的是，她铤而走险的原因竟是为了买一部苹果手机。每个人都有自己的欲望，或是一件自己想要的东西，或是一种世间难得的心灵体验，又或是在某个领域让人艳羡的成就和成功。我们不应该忽视欲望的力量，正是因为有了这样的欲望，我们才知道自己想要什么，才知道自己努力的方向。

可是，这世间美好的东西实在太多，我们不可能一一占有。欲望一旦多了起来，便成了人生的负累。人的欲望永无止境，而这些是我们真心需要的吗？是我们非得到不可的吗？女人衣柜里的高档名牌再多，每天也只需要穿一件衣服；男人桌子上摆满了劳力士、江诗丹顿，每天也只能戴一块手表。

那位贩毒的女孩本买不起 iphone，那就用国产性价比高的手机又有何妨？靠非法所得即便能把高档手机拿在手里，也无法心安理得地接受别人的赞许，也证明不了你的尊贵和地位。

在谈到治疗创伤后应激障碍时有这样一个案例：

一位商人因为公司破产而选择了自杀时，幸好被其他人救了下来，但痛苦绝望依旧困扰着他。从家财万贯一夜之间就沦为一个失败者，他觉得自己已经找不到活下去的意义。

治疗师对他说：“即便他破产了，可你今天拥有的财富仍然比街头的流浪汉多得多，仍然可以过着非常优越的生活，根本没有选择自自杀的理由。”

商人起初并不认可治疗师的说法。他觉得自己的身份不能和街边的乞丐和流浪汉相提并论。

于是，治疗师笑着对他说：“你之所以认为自己与别人不同，就是因为你有更多欲望。你并非没有足够的钱养活自己，而是过多的欲望杀死了你活下去的信念。如果每天一睁开眼，你想得到的只是一所温暖的房子，一顿丰盛的早餐，在家人陪伴下幸福的生活，那么，活下去还算是一件难事吗？”

前些年一个相亲类节目中，女嘉宾说了这样一段话：“宁可在宝马车里哭，不愿在自行车上笑。”很多时候，我们的欲望并非来自内心，很多东西也并不见得是真心想要。强烈的虚荣心和占有欲不断扩充着我们的胃口，助长着我们的贪念。明明知道得到了可能会更苦，却仍然逼着自己疯狂地掠夺，这充分说明太多欲望会让人丧失理智，丧失快乐本能。

欲望越多，痛苦也就越多。人心不足蛇吞象，有些东西本不属于你，天天惦记着也没用，得到了，你也享受不了。一辈子忙忙碌碌、钩心斗角，到最后只剩下一副已经枯竭的肉体，本该珍惜的东西却失去了，而死死攥在手里的其实根本不是你所需要的，这样的人生又有什么意义？

一位母亲向心理专家抱怨孩子越来越不听话。她女儿今年 7 岁。她每天带女儿上各种兴趣班，琵琶、国画、芭蕾舞。女儿小小的年纪便已无所不通，还在很多比赛中得到过奖项。周围的人都称她为“神童母亲”。她希望女儿未来可以成为一个艺术家，可以读世界上最好的大学。

随着年龄的增长，女儿越来越叛逆，上兴趣班时经常旷课，成绩也下滑得明显。特别是有一次女儿生病，仍然被强迫着带到了舞蹈教室后，女儿再也不愿意练习舞蹈了。为此，母女之间不知吵了多少次。

专家告诉这位女士，我们之所以逼着孩子学这学那，其实就是因为我们把孩子当成自己生命的延续。或许我们的人生有太多遗憾，于是就想通过孩子去实现自己未实现的愿望，或是让孩子成为我们苍白人生唯一亮点和炫耀资本。这样的做法是自私的，太多的欲望本来已经连累了我们，如今更不应该强加给孩子。其实，一个漂亮、快乐、阳光的女儿，不就是人生最大的骄傲吗？

这位母亲听了专家的话，从此便不再给女儿那么大压力。女儿不再需要上那么多课程。于是，一家人一起快乐相处的时间就多了起来。

过多的欲望是生活不快乐的祸根，苦了自己也会害了别人。人生在世，功名利禄、荣华富贵都是身外之物，只要我们脚踏实地，用心去珍惜身边的美，就会发现，其实能让我们满足的东西可以很少，多一点的快乐就能让我们的人生如花似锦。

【让坏情绪不再纠缠你】

泰国当代作家察·高吉迪说：“人一旦成为欲望的奴隶，就永远也解脱不了了。”每一个人都应该是自由而欢畅的，是欲望给我们灵魂套上了枷锁。想要快乐的生活，就不要对生活奢望得太多，让我们的世界变得简单和单纯一点，让我们变得淡泊和从容一点。

慢慢来，急躁只会让事更糟

我们一生总是在匆匆茫茫中度过，在人之将木时回首一生，却发现自己什么事也没干成。人生苦短，但仍有足够的时间去完成我们的理想。只怪我们自己太着急，很多时候没来得及精益求精，就敷衍了事；有些时候还没熬到柳暗花明的那一刻，就选择了放弃改变了初衷。人生就是一场漫长的长跑比赛，不要奢望能够一步到位，我们需要更多的是忍耐与等待。

俗话说，欲速则不达。可是今天，“出名要趁早”“赚钱要趁早”“买房要趁早”，已经成为当下很多人的座右铭，就连刚出生不久的小朋友也被早早灌输着“不要输在起跑线上”的思想。在这些思想影响下，人们把“一切都要快”当成生存法规，从而变得越来越急躁，决不能容忍自己有片刻的等待。

曾经有一篇文章这样描写我们的生活情景：当下的人都热衷赶时间，到处都需要快节奏：手机在响，电话在催；最爱“快进”，狂点“刷新”。评论要抢“沙发”；寄信要特快专递；拍照要立等可取；坐车选择高速公路、高速铁路；做事最好名利双收；理财最好是一夜暴富；结婚还要有现房现车。

一个人在生活中惜时如金，勤奋一点并没有错。问题是总是那么风风火火马不停蹄，每天过得都像是打仗一样，到头来我们真的知道自己忙的是什么吗？说到底还是功利思想在作祟，让我们把生活当成投机，做什么事总想一蹴而就，根本不能慢下来认真去观察生活或是深刻的自我反思。所以，整个人就像没头苍蝇，一切都是毫无意义的瞎忙。

蕾莱妮是一位专栏作家，曾经在战火纷飞的海湾地区生活过数年。回国之后，她又用了三年时间去整理各种资料和自己的所看所感，并将其写成长篇连载在报纸上发表。

她的长篇连载一时间引起了轰动。很快，她从一个默默无闻的战地记者变成炙手可热的女作家。许多报刊编辑打来电话向她约稿，甚至有出版商希望出巨资让她每年完成一部长篇小说。

面对接踵而至的约稿，蕾莱妮已经不堪重负其工作量，但她又不想错过这个能让自己名利双收的大好机遇。为了在短时间内能够完成大量作品，她开始降低对作品质量的要求，很多故事都是东拼西凑甚至是抄袭而来的，其中也没有什么真情实感，更谈不上发人深省。

除此之外，她还私下找了几位代笔的“枪手”，借用她的名字和影响力写书出书。尽管一年以来她的各种作品发行量惊人，但得到的肯定却寥寥无几。有媒体曝光了她找人代笔的实情后，很多读者对她感到厌恶。她名字也很快成为“垃圾文学”的代名词。

中国第三届茅盾文学奖获奖作品《平凡的世界》，从开始创作到出版总共经历十一年时间，作者路遥用自己的毅力和忍耐给后世留下了一部不朽的名作。一个作家要创作出永传后世的作品，就一定需要时间去观察生活、体验生活，并就人性和社会的各种课题进行深入思考。对于一个普通人来说，想要让自己的人生不平凡，同样也需要足够时间来增加人生经验，丰富生活阅历。随着时间的洗礼，岁月的变迁，我们的灵魂得到了积淀，我们的意志品质得到了磨炼，只有这样的人才有资格取得成功。而那些总想着投机取巧、一夜暴富的人注定只能吞下失败的苦果。

再急迫的事，也要用举重若轻的态度处理好。人生的路要一步步去走，快不得也急不得。俗话说，吃得苦中苦，方为人上人。想要走向人生的巅峰，就不要盲目去找捷径，脚踏实地，点滴付出，耐心等待才是正道。

世界著名的推销大师汤姆·霍普金斯，曾经在一个大型体育馆举办过一场别开生面的告别演说。

到了约定时间，会场内已是座无虚席。当大幕拉开时，舞台正中央吊着一个巨大的铁球。汤姆让人用大铁锤去敲打这个铁球，直到它动起来为止。可不管大家怎么用力敲，这个大铁球依旧是纹丝不动。

这时，汤姆掏出一个重量不足50克的小锤，认真地冲着铁球敲了一下，然后停顿四秒，再一次用小锤敲了一下。如此反复，持续了20分钟。很多人开始不耐烦起来。他们根本不知道汤姆这样做有什么意义。各种不满的抱怨声充斥在整个体育馆里，有人甚至把塑料瓶子扔向舞台。

时间又过去十分钟，汤姆依旧按照自己的节奏敲打着铁球。在场的人们终于无法忍受了，陆陆续续有人退场。转眼之间，留在体育馆内的人已经寥寥无几。

就在这时，坐在前面的一位女士突然尖叫起来："球动了。"果不其然，随着汤姆一下接一下地敲击，大铁球不仅动了起来，而且摆动的幅度越来越大。顿时间，体育馆里爆发出热烈的掌声。在掌声中，汤姆转过身向留在会场的人深深鞠了一躬，然后做了他全场唯一的一句演讲："在成功道路上，你没有耐心去等待成功的到来，那么，你只好用一生的耐心去面对失败。"

在为生活打拼时，我们不要太过急躁，给自己多一点时间去等待，对生活和人生要多有一点耐心。因为，不急躁体现着一个人的耐力和坚韧，体现着一个人广阔的胸怀和成熟的智慧。别着急，慢慢来，才能把我们的人生演绎得更加完美。

【让坏情绪不再纠缠你】

中世纪波斯诗人萨迪在他的《蔷薇园》中写道："事业常成于坚忍，毁于急躁。我在沙漠中曾亲眼看见，匆忙的旅人落在从容者的后边；疾驰的骏马落后，缓步的骆驼却不断前进。"当我们加快脚步，自以为已经超越了别人时，其实我们已经落后了。因为在通往成功的道路上，耐心和韧劲远比速度更重要。

人生就是一场充满挑战的冒险

人生最大的敌人不是难缠的竞争对手，不是恶劣的外部环境，而是我们自己。我们要超越自我，就要敢于冒险。因为，安于现状、停滞不前，前怕狼后怕虎，只能让人左右徘徊，永远等不到胜利降临的那一天。

缺少创新精神是我们大多数人的通病，不能创新缘于对冒险的恐惧。我们从小就听父母老师的话，任凭别人安排着自己的生活；长大后，又每天过着三点一线的规律生活，因循守旧，循规蹈矩，不敢越雷池半步，三十岁时就已经可以预见到自己退休以后的生活。青春和激情在平庸的时光里渐渐耗尽，而安逸舒适、没有任何风险的人生注定与精彩无缘。

有人说，人生就是一场华丽的冒险，没有冒险的人生才是最大的失败。

普拉达作为世界奢华品牌最早进入中国市场，这是一场冒险；西方石油公司选择在别人没有发现商业价值的利比亚投资，这是一场冒险；富兰克林冒着生命危险证明了雷电这一自然现象并发明了避雷针，这是一场冒险；比尔·盖茨曾经把所有赌注都压在 IBM 的 8088 芯片上，这同样是一场冒险。为了成功，有时我们必须将自己置于危险之中，因为对我们生命而言，通过冒险取得的收获才更有价值。

曾经有一支法国的探险队成功登顶珠峰，而在下山时却遇到了暴风雪。他们被困在原地，而据他们的经验判断，这场暴风雪至少会持续 10 天。

如果他们继续停留在原地，食物和氧气很快就会耗尽，所有队员就会活活冻死；如果他们背着帐篷、氧气瓶等各种沉重设备继续前行的话，也同样无法生还。这时，有一个名叫劳而诺的队员决定放弃所有装备，只带着些许口粮轻装前行。

他的疯狂之举遭到所有人反对，因为从被困的地方走到山下至少需要 10 天，在没有帐篷、没有取暖和氧气设备情况下，这样做无疑是自寻死路。可是，劳而诺却鼓励大家，留在原地注定没有希望，而减轻负重能够加快下山的速度，或许他们还有一线生机，这样的冒险是值得的。

于是，其他人也向他效仿，扔掉身上沉重的装备。此时，队员们早就忘记了前路还有怎样的危险，"活下去"是他们唯一的信念。

果不其然，他们不分昼夜，急速向前，最终只用 8 天时间就到达山下的宿营地。劳而诺以其敢于冒险的精神，不仅救了自己，更救了探险队所有人。

有的人害怕冒险，因为不冒险可以不用失去，可以在幸福的港湾里继续享受风平浪静的生活；而冒险意味着我们不得不逼着自己去面对一个陌生、充满着危险和各种不确定性因素的环境。

可是，人生的价值恰恰就在于这种不确定性之中，生命的精彩也恰恰就是因为下一秒我们不知道会发生什么。如果人生的剧本已经早早写完，第一集上演的时候我们已经知道了结局，这样的人生注定是平庸与乏味的。更何况天下没有免费的午餐，不可能不冒任何风险就会有所收获，收益与风险永远都成正比。冒险难免会付出一些代价，可如果我们能够经住这场风险的考验，那么所获得的回报一定比不冒险要高得多。

劳维斯是西班牙的一位画家。如今，他已经是一位年近八旬的老人，可在艺术方面却依旧保持着鲜活的灵感和丰富的创造力。这与他敢于冒险是分不开的。

为了创造新的绘画技法，他大胆放弃自己最擅长的技巧，而是用一种全新的方式进行创造，也因此遭到许多诟病和质疑。但是，他的创新让人们对传统油画有了新的认识。

为了寻找到新的创作灵感，他不顾自己的身体和安危，走遍欧洲大大小小的山川与河流，甚至还闯入过撒哈拉大沙漠。很多人都劝他说，年纪大了，身体又不好，就不要再去冒险了。可他却觉得，为了能获取艺术灵感，就必须敢于冒险。

世界上没有什么事是完全没有风险的，也没有一件事是完全准备好、完全可以确定的情况下而做成的。我们每一个人都在经历着惊悚而绚丽的冒险，古语有云："夫夷以近，则游者众；险以远，则至者少。"所以，一个人是否能够创造与众不同的成就，就看你是否敢于冒险，是否有超越常规的勇气了！

【让坏情绪不再纠缠你】

美国著名盲聋作家海伦·凯勒说："人生要么是一场大冒险，要么一无所有。"惧怕失败，不敢冒险，庸庸碌碌地生活，会让自己的人生充满了悲哀和失败。只有懦弱的人才贪图安逸，英雄从来都乐于向危险挑战，哪怕失败了也不会为自己的畏首畏尾感到羞愧。与其平庸地度过一生，不如做一个失败的英雄。

把困难当成迈向成功的垫脚石

如果人生是一座高耸入云的山峰，顶峰便是我们梦寐以求的成功。很多人因为胆怯，还没有开始爬山就已经败下阵来，而有的人爬到一半或是因为体力不支，或是因为山路难走，便选择了放弃。只有少数人，战胜了艰难险阻，克服了种种困难，最终登上了顶峰，收获着众人的掌声和羡慕。他们之所以能够取得这样的成就，就是因为他们把困难当作迈向成功的垫脚石。

唐代诗人黄檗禅师的《上堂开示颂》中这样写道："不经一番寒彻骨，怎得梅花扑鼻香。"在成长之路上，每个人都会遇到各种各样的困难，关键是怎样看待困难、处理困难和克服困难。如果你把困难看作是避之不及的敌人，那么你就很可能在这样较量中功亏一篑；而如果你把困难当成是你人生必须经历的磨炼和考验，那么你就一定会像梅花一样在经历刺骨的严寒之后，散发出扑鼻的香气。

玫琳凯·艾施是国际知名玫琳凯化妆品公司的创始人。在 45 岁时，她已经退休在家。在很多人眼中，这个年纪的女人应该过每天围着餐桌转的主妇生活。可是，她却不甘寂寞，想要打造出一个帮助所有女性实现梦想的"美梦公司"。于是，玫琳凯化妆品公司成立了。

她决定投入全部积蓄来创办公司。就在公司开业前一个月，她丈夫去世了。亲人的离去没有让她放弃梦想。在儿子帮助下，在一个只有45平方英尺（1平方英尺≈0.09290304平方米）的店面里，玫琳凯公司顺利开业了。

玫琳凯知道公司经营的好坏对她来说到底意味着什么——她不仅投入了所有积蓄，甚至还包括儿子的前途和命运。起初，这样的赌注并没有给她带来好运，公司的效益非常不好，一场展销会下来，有时只能卖出几美元的产品。

面对生意上的困境，她绝望过、徘徊过，但这些困难却没将她击垮。她及时总结教训，根据失败的原因调整销售策略，并革命性地开创了以美容顾问展示为核理念的直销模式，并大获成功。在苦心经营下，如今，玫琳凯已经成长为一家年销售额超过20亿的国际跨国公司。

无论你是一位叱咤风云的商界精英，还是一位勤劳贤淑的家庭主妇，在实际生活中不遇到困难和失败几乎是不可能的。想要做成一件事，就要勇于接受困难的挑战。比如，你为家人烹饪一道难度很高的新菜，由于制作技巧不够熟练，可能前几次都很失败，不是菜品的味道奇怪就是表面都烧焦了，但是，如果你能坚持尝试，及时总结教训，找到味道不佳的原因并在之后烹饪过程中加以注意，那么你早晚能把一道色香味俱全的优质菜品呈现在家人面前。这就是一个成功者必须经历的过程。

古希腊著名思想家苏格拉底说：“没有受过考验的人是不配活在这个世界上的。”生活中各种挫折和困难恰恰就是这种考验，它永远与我们获得的成就正向相关：如果一个人没在苦难中挣扎过，那么他注定无法品尝到成功的滋味；如果一个人用一生的时间都在与命运抗衡，且从来没有选择低头，那么不管最后的结果如何，他都配得上“成功”二字。

馆野泉是日本著名的钢琴家。在一次演出中，他突发脑溢血晕倒在舞台上。起初，他以为只是疲劳所致，并没有太在意。可随着时间流逝，他渐渐发现，病情使他右半身几近瘫痪——他右手已经无法动弹了。

对于一个音乐家来说，失去右手简直就是灾难，那些他曾经最喜欢的乐曲都无法再弹奏了。在痛苦和绝望过后，在妻子鼓励下，他决定重新振作起来。从那以后，他开始专心练习用左手进行演奏。虽然期初并不太熟练，而且适合左手弹奏的乐曲也并不适合进行演出，但在他刻苦努力和其他朋友帮助下，这些困难都被他一一克服了。

由于演奏方式不同，他用左手演奏出的乐曲给人们带来了全新感受，使他得到了比以往更多认可和赞誉。后来，他还跟日本皇后共同弹奏过乐曲。

一个经受过打击的人，不会再被任何危险吓倒；一个经历过苦难的人，不会轻易动摇自己的意志；一个将困难踩在脚下的人，他便拥有了勇气、智慧和好运，他就比其他人更有资格登上成功的巅峰。人生长路永远与困难同行，每一次遇到困难其实就是我们获得成长的大好机遇，战胜困难就是对我们生命最有价值的肯定。

有人说，最困难的时候也就离成功最近。困难是迈向成功的垫脚石，它不仅不会把勇敢的人压垮，反而会让他们变得更加坚强和无畏。

【让坏情绪不再纠缠你】

俄国文学巨匠契诃夫说："困难与折磨对于人来说，是一把打向坯料的锤，打掉的应是脆弱的铁屑，锻成的将是锋利的钢刀。"艰难和困苦就是我们人生的试金石，淘汰掉的都是悲观懦弱、随波逐流和投机取巧的人；而那些能堪大任者必然都经得住生命的考验，因为他们不仅不会仇视困难，还把克服困难视为人生中最引以为傲的资本。

不要让沮丧情绪蔓延到生活每个角落

在生活中，我们经常会感到莫名的沮丧和烦闷。特别是在经历一些不顺心的事情以后，低落的情绪会让我们看什么都不顺眼，一点精神都提不起来。上班总是走神，和家人相处总不耐烦，就算自己最喜欢的书也完全看不下去。有时触景生情，心中就会非常的伤感和失落。沮丧的情绪总会在不经意间操控着我们的一言一行。此时，我们要尽量控制自己，不要让沮丧情绪蔓延到生活每个角落。

由于经济不景气和就业压力不断增大，许多希腊年轻人对自己的国家感到绝望。他们抱怨自己是希腊有史以来最沮丧的一代，虽值大好年华，有能力做一切事情却什么也做不了，他们有的干脆把自己看成是永远的失败者。由于很多年轻人有类似想法，希腊整个国家弥漫着沮丧的气氛。人们每天碰面都在讨论着悲伤烦闷的事情，有的人已经计划离开自己的祖国。

沮丧的情绪不仅会影响一个国家的前途命运，对个人的生活也会造成极大的负面影响。前些年，曾经演《成长的烦恼》中伯纳的演员安德鲁竟然离奇失踪。据知情人士透露，他在失踪以前，因为一些事情而导致情绪十分低落和沮丧。一个在荧屏上曾经给无数人带来欢乐的演员，竟然也因为糟糕的情绪做出让人如此不解的事，沮丧的破坏力可见一斑。

生活中，难免会遇到糟糕情绪的困扰，失望的事情发生时，每个人都会感到沮丧。但是，每个人在应对这种情绪时的反应却不尽相同。同样是因为误会遭到领导批评，有的人回家就给家人脸色看或是把孩子臭骂一顿，而有的人却是打一场篮球出出汗，或是在家什么都不想，痛痛快快喝上几杯，让负面情绪得以释放；同样是找不到合适的工作，有的人整天唉声叹气，颓废绝望，感叹着世道的不公，而有的人却能从自身找问题，努力从各个方面提升自己的能力和价值，并愿意把自己的教训和经验积极地去和身边的人分享，让大家感到更多正能量。

所以，一个人感到沮丧并不可怕，关键是我们不能任凭沮丧情绪在生活里蔓延。

因为晚婚，李峰妻子怀孕时已经37岁。无论是他自己，还是双方父母，做梦都希望这个孩子能平安降生。可天不遂人愿，李峰妻子流产了。

沉重的打击让李峰几乎万念俱灰。他不责怪妻子，内心却怎么也高兴不起来。他每天阴沉着脸，回到家也不爱说话；头发已经很长了，也不愿意去修剪，一脸颓废的样子，还时不时唉声叹气；以前休息时，他总爱和朋友去打台球，如今他只是关上灯坐在沙发上一个劲地抽烟。

李峰的情绪影响到了妻子：由于心情的压抑，妻子刚刚做过流产手术，身体又出了问题。医生说，如果恢复得好，一般9个月以后就可以重新怀孕。可按照现在的情况，他们至少要等到三年以后。

在动荡不安的环境中，沮丧的情绪可能会一直困扰着我们。之所以有人能够苦中作乐，而有的人却亲手毁掉了自己的生活，就是因为看待负面情绪的方式不同。

如果把眼前的困境看作末日，那么生活就注定充满凄凉。但如果告诉自己咬咬牙就过去了，日子总要开心地过，那么再不幸的事也不会影响到你的心情。孩子没了，至少你还有相濡以沫的妻子，还有需要照顾的父母，还有一个完整而温暖的家庭，仅仅为了这些，就应该重新打起精神来，一味地沮丧又能解决什么问题呢？

在日本，有一对奶农夫妇，虽然上了年纪，却依然像年轻时一样相爱。后来，严重的糖尿病并发症导致妻子失明，本来开心的她从此变得悲观起来，每天把自己关在家里，在沮丧和黑暗中生活着。

丈夫是一个非常乐观的人。他不忍心看着妻子在绝望中痛苦挣扎，决定用自己的方式让她重新快乐起来。于是，他在自家门前建一个花园，里面种满各种花卉。

虽然妻子无法看到花园里的姹紫嫣红，但扑鼻的芳香最终让她走出了房门。她听丈夫描述各种鲜花的美丽形态，感受着自己被花海所围绕时的甜蜜与幸福。从那时起，妻子每天都到花园里逛一逛。她脸上终于露出了久违的笑容。

一个人摆脱沮丧的情绪并不是什么难事，只要善于去发现身边的美好，只要愿意为别人去创造美好，我们的生命就不会被沮丧所占据，而随处可见的都一定是快乐和幸福。

【让坏情绪不再纠缠你】

英国物理学家威廉·吉尔伯特说："我们不要沮丧，每一片云彩都会有银边在闪光。"我们应该成为自己生活的主宰者，悲观沮丧并不可怕，只要勇敢面对、及时调整，就能走出困境。相反，如果仍由沮丧的情绪在生活里蔓延而不加制止，那么情况只能越来越糟。

第四章
化压力为动力，生活更绚丽多姿

生活压力无处不在。压力会给我们带来紧张、焦虑和不安等坏情绪。有人被压力击垮，身心俱疲，无所适从；有人把压力当成动力，通过有效自我调整，让人生变得更有意义、更丰富多彩。可见，压力并不可怕，只要掌握科学有效缓解压力的方法，时时处处注意把控自己的情绪，也能化负情绪为人生前进的动力。

提高抗压能力，让生活变得轻松

俗话说，人无压力轻飘飘。适度的压力能够让人在生活工作学习中保持一种紧张的状态，能够提升我们做事的效率。但随着社会不断发展，过于沉重的压力已经成为人们身心健康的杀手，它让人们心情郁闷、手足无措，甚至会感到窒息。因此，通过一些方式来提高自己的抗压能力，对现代人来说就显得特别重要。

一个人抗压性的高低取决于心理素质的好坏以及对生活的态度是否得当。通过一定的方式来更新自己的观念，纠正自己的行为，调整生活的理念，就可以让我们的生活变得轻松。可以说，如何提高抗压的能力是我们每一个人必须掌握的一门生存技能。

首先，要始终保持积极乐观心态。不管发生什么，尽可能让自己开心地应对。哪怕是你不愿意接受的结果，也要不停地告诉自己，“没什么大不了，一切都会过去。”尽可能让自己的生活中多一些满足和欢愉的体验，培养自己从生活的细微之处去发现快乐的能力。英国心理学家夏洛特指出，积极乐观心态能够给予人们清晨起床的动力，使人们更愿意为自己的工作、前途和积极的目标而奋斗。如果我们做任何事情都能保持这样一份好的心情和十足的干劲，那么自然就体验不到压力了。

第二，做自己力所能及的事。不要事事追求完美，更不要好高骛远，给自己设定不切实际的目标。一个人的能力毕竟是有限的，我们要对自己的能力和水平有足够清晰的认识。如果一件事超出了我们的能力范围，那么失败的概率就会增大。一旦失败了，人就容易对自己的能力产生怀疑，更容易产生急躁、焦虑等负面的情绪。

陈华曾经在一家世界500强公司工作。由于显赫的工作经历，她内心始终有一种优越感。她刚刚进入一家新公司，就向领导毛遂自荐，希望能够独自完成公司的年终业务分析报告。

两周以后，报告终于完成。但是，由于她对公司核心业务流程以及报表系统操作方式等都还不是很熟悉，以至于报告内容非常空洞，没有突出重点，而且报告中引用的很多数据都是错的。

领导当着很多人的面对她进行了批评，使她无地自容。从此，她背上了沉重的心理负担，在公司做任何事都怕出错，每天走进公司大门就心跳加速，感到浑身无力。

第三，不要活在别人的眼光里。无论从经济实力还是生活境遇来说，很多事我们是无法向别人效仿的，之所以逼迫自己去紧跟人家的节奏，就是因为我们总怕在别人眼里丢面子，怕被别人看不起。事实上，我们更应该关注自己的生活，每个人都有生活的亮点，也都有着难言的苦衷，让你羡慕的往往都是别人光鲜的一面，其背后的辛酸却往往看不到。另一方面，别人对你的评价其实并没有那么重要，无论是好是坏，你的生活始终照旧，你始终要按照自己的想法向着理想一步一步前进。至于别人怎么说、怎么看，又有什么意义呢?

第四，合理安排作息时间。如今很多人总觉得时间不够用，经常要加班到深夜，休息日也没有放松调整的时间。持续紧张的状态，会让人身心俱疲，同时会出现倦怠、焦躁等负面情绪，从而导致心理压力的增大。所以，不管平日的工作或生活琐事有多么繁重，都要合理安排作息时间，该休息的时候一定要休息，因为，充足的睡眠和适度的休闲娱乐，不仅不会耽误时间，反而会让我们以更好状态和更饱满的热情投入到工作当中去，从而起到事半功倍作用。

欧美启蒙运动时期，德国著名思想家康德是一位合理安排作息时间的代表性人物。他每天五点起床，之后便是属于自己的时间，喝茶、抽烟斗，思考一天的工作内容等，之后便是一整天紧张忙碌的工作。

但是，不管工作有多忙，有多少友人需要接待，每天下午三点半，他必须要出门散步——在放松身心的同时，整理一天以来的思绪。他始终坚持着这个习惯，风雨无阻。很多市民看到他出来散步就已经知道了时间，甚至都不用去看钟楼上的钟。

康德一生所取得的成就，和有规律的生活以及合理安排作息时间是分不开的。

除此之外，我们还可以通过适当的情绪宣泄、体育运动，或是培养一些有益的爱好来缓解压力。总而言之，只要我们注意对内心状态的调整，通过适当的方式，就不会再被生活的压力所压垮。

【让坏情绪不再纠缠你】

古罗马寓言作家费德鲁斯说："心灵有时应该得到消遣，这样才能更好地回到思想与其本身。"所以，在紧张的工作生活之余，我们也要放松自己的心灵，给身心放一个假。眼前的成败得失不要过分看重，不要把自己逼得太紧太急。一个不被压力所困扰的人，才更能轻装上阵，潇洒自如地应对各种挑战。

宣泄内心的积郁，释放心灵的重压

一个人长期压抑内心的压力和负面情绪，会导致免疫力下降，内脏功能失调，诱发多种疾病。同时，对心理健康也会造成极大危害，严重时还会出现精神分裂。在20世纪70年代，美国科研机构针对此类问题就发明了一种非药物治疗的心理疗法——宣泄法，鼓励人们通过适当的方式把心中的焦虑、忧郁和痛苦宣泄出来，从而恢复身心平衡。

宣泄，就是排解释放负面情绪的过程。因一些不堪回首的经历或是沉重的生活压力，而长期积攒在内心的郁闷和痛苦，必须通过一定方式进行排解和疏导，否则就会给人的健康和正常生活带来无法估量的危害。在现实生活中，宣泄的方法有很多，只要掌握了一招半式，就能把内心的积郁一扫而光。

不要忽视眼泪的力量。有人说，牙碎了也要咽肚子里。殊不知，这不仅不利于情绪的改善，反而会让负能量在内心越积越多，甚至有人提出，强忍泪水无异于慢性自杀。在面对糟糕的心情时，没有任何一种方法，比让自己痛痛快快哭一场更过瘾、更有效。所有烦恼、忧伤和委屈，都会随着泪水一同倾泻出来。这就像是给心灵做一次排毒SPA，所以不要吝啬你的泪水，也不要羞于直接去表达脆弱的情绪。

荷兰科学家们试验发现，类似《忠犬八公》《美丽人生》这样的悲情电影，对缓解人们压力和负面情绪很有效。

催人泪下的情节会让每一个观影者流泪不止。短短 90 分钟时间之后，人们的情绪状态会有所下降。这可能是电影情节过于悲伤的缘故。但随后不久，他们的情绪就会迅速恢复，并逐渐超过观影之前的水平。

从生理角度来说，人在哭泣时会将一些精神压力产生的毒素排出体外，同时人脑中会产生对提高兴奋度有益的化合物。从心理角度来说，哭泣可以使人的心灵得到慰藉，情绪得到释放。通过与电影中悲伤情节的对比，人们更容易体会到自己现实生活中的美好，更容易产生幸福感觉。

要善于向身边的人倾诉。很多人不愿意向别人倾诉自己的心情，会遭到别人的嘲笑和埋怨。其实，这种担忧大可不必。你的家人和最好的朋友，一定是生活中最关心你的人，在你情绪不佳时，你完全可以找他们倒倒苦水。根据你的倾诉，对方能够有的放矢地给予你宝贵的意见和建议，而且情绪低落的人往往容易走弯路、钻牛角尖，容易辨识不清生活中的真实情况，这时候听听别人的意见就显得非常重要。即便对方不能给予你意见，仅仅是认真地聆听，仅仅是一个微笑的示意，这对你来说都是一种莫大的肯定、鼓励和宽慰。当你一吐为快之后就会发现，你的情绪已经恢复大半了。

运动是解压宣泄的最好方式。体育运动一方面可以起到转移注意力的作用，人们通过体力的消耗让自己专注运动本身，从而会忘却那些糟糕的心情。另一方面，运动过后会让人产生一种淋漓尽致的解脱感，所有不快都会随着汗水一同流走。

为了证明跑步之类的有氧运动可以减轻心理紧张、情绪倦怠等症状，澳大利亚新英格兰大学的科学家们设计了这样一组比较实验。

他们将被试者分为三组：一组进行有氧方面的训练，第二组进行无氧力量训练，第三组保持静止的状态。在持续一段时间之后，通多对各组被试身体指标的检测发现，前两组被试都不同程度地提升了个人成就感和幸福感，同时降低了知觉压力。特别是进行有氧运动的被试者，他们在降低心理压力和情绪衰竭等方面表现得尤为突出。

这个实验结果表明，跑步等运动方式可以起到释放情绪作用，对于被生活压力和负面情绪所困扰的人来说，无疑起到了兴奋剂的作用。

当然，宣泄也要注意分寸，决不能做出困扰他人或伤害自己的事情。没有哪一种宣泄方式是最佳的，也没有哪一种情绪是不能宣泄的。只要你根据自身的情况，选择适合自己的方式，就会使内心的积郁得以宣泄，心灵的重压得以释放。

【让坏情绪不再纠缠你】

香港明星刘德华曾唱道："男人哭吧哭吧哭吧不是罪，再强的人也有权利去疲惫。"不管是男人还是女人，在我们疲惫不堪时，在我们焦头烂额时，在心灵越来越无法承受生活之重时，我们要学会用快乐宣泄自己，用智慧疏导自己，让我们的心灵始终保持着幸福的温度。

冲动不能解决任何问题

生活中很多不幸的事，大都与冲动有关。因为冲动蛮干，我们选错了人生的道路；因为冲动失言，我们伤害了爱人和家人的感情；因为冲动愤怒，我们可能会错手伤人，甚至酿成无法挽回的后果。冲动的情绪往往只有一瞬，但它带给我们的悔恨却往往追随一生。

西方有一句谚语，上帝欲毁灭一个人，必先使其疯狂。冲动是一种极具破坏力的情绪，它往往发生在极短时间之内，并爆发出一种如同暴风骤雨般的巨大心理能量。

比如，在早高峰的地铁上，经常有人因为一点小摩擦，就疯狂地互相谩骂，甚至大打出手，最后造成两败俱伤局面，这就是不善于控制自己情绪的表现。容易冲动，容易意气用事，平时各方面表现还算正常，可一旦遇到不顺心的事就马上发作，说翻脸就翻脸，甚至会不计后果地做出一些伤人害己的事。2015 年，北京市第四中级人民法院审理了一起故意伤害致死案，被告是一名保安，因为一点琐事在宿舍楼门口与另一保安的家属发生口角，结果借着酒劲持刀将对方刺伤，致其死亡。不要以为这样极端的案例距离我们非常遥远。事实上，由于冲动而自吞苦果的事在生活中屡见不鲜。

桑德斯是一名海滩救生员。他自幼在海边长大，水性非常好。作为一名新人，老队长对他非常器重。

有一次，海上突然起了狂风，暴雨瞬间而至，一名正在海里游泳的女游客生命安全受到了威胁。紧急时刻，桑德斯不顾一切地跳进海水里，以极快的速度将被困女子救回。

他本以为会受到表彰，却遭到了队长严厉的批评：当时自然条件非常恶劣，他在跳水之前，并没仔细观察周围环境，甚至自救设备也没有携带。队长略带讥讽地说，他这样的做法会将自己和被救者陷入更加危险的境地，有可能连自己的性命都搭上了。虽然最后救援成功，那也只是运气好罢了，那不该是一名专业救生员应该有的表现。

听了队长的话，桑德斯觉得非常委屈：明明很出色地完成了任务，却被队长吹毛求疵，无端指责。他不服气地顶撞了几句，便将自己的各种装备和证件恶狠狠地扔在队长面前，愤愤不平地宣称自己不干了，转身就离开。

在那之后很长一段时间里，桑德斯都没找到合适的工作，因为他内心仍然向往着大海，向往着救生员这个能体现他个人价值的身份。他每天颓废度日，生活过得十分潦倒。

一次偶然的机会，他遇到以前的老队长。时过境迁，两人终于能心平气和地聊起了往事。原来，老队长当时之所以严厉地批评他，一方面是不愿意看到他在救援过程中自己出现危险，另一方面是因为对他十分器重，希望他能做得更好，未来能够接队长的班，能救更多的人。

听到这些，桑德斯感到非常懊恼。如果当时不是那么冲动的话，如果当时能够了解到老队长良苦用心的话，也许就不会是今天这模样。

冲动的行为不能帮助我们解决任何问题，它只会让人情绪失控，失去对现实生活的理性判断，从而造成家庭不幸、工作不顺和人家关系恶化等不利局面。

要化解冲动首先要做到忍耐和克制。如果别人冒犯了你，一定不能让自己的情绪失控，更不能在情绪失控状态下做任何不负责任的决定。其次是要善于理智思考。出现不和谐的局面未必都是别人的原因，我们要多想想自己的问题，多想想别人的苦衷，多想想意气用事可能造成的后果，要努力在平静状态下去解决问题。最后是要包容理解、谦虚礼让。很多纷争缘于误会或是不起眼的小摩擦。一次冷静的沟通，一句诚挚的歉意，一个谅解的微笑，就可能使紧张局面得到缓解。

前世界拳王泰森是一个典型的争议性人物。20 多岁时，他仅用 18 个月就拿下三大重量级拳王的金腰带。他拥有无数的财富，受到全世界粉丝的追捧。很多国家的领导人还亲自接见了他。

所有一切都使他急剧膨胀，而冲动的脾气更是让他吃尽了苦头。他曾经因为强奸罪入狱 3 年，之后又因为暴力、吸毒等问题在法庭和牢狱之间进进出出。后来，他在一场比赛中气急败坏，咬伤了前拳王霍利菲尔德的耳朵。一时间，他成为“臭名昭著”的代名词。

生活的磨砺最终还是让他成熟起来。在经历破产之后，这位曾经骄傲的拳王不得不为生计而做了许多不堪的工作。如今，他已经变得平和了许多，看上去有些憨态可掬。在回忆往事时，他说自己的人生曾经有一副好牌，是自己没有好好珍惜。以前，他太容易冲动，脾气差而且好斗，但现在他要努力让自己学会克制和忍耐。输赢对他来说已经毫无意义，他如今最害怕失去的是自己的家人——他想做一个好人。

俗话说，浪子回头金不换。如果像泰森这样一个极具争议的人物都能通过克制冲动来让自己变得平和理智的话，我们又怎么不能呢?

【让坏情绪不再纠缠你】

俄国作家车尔尼雪夫斯基说:“这是人类的弱点：人人都喜欢表露感情，以至在内心的冲动中暂时忘掉了日常生活的利益。”一个易于冲动的人，往往缺少考虑自身条件和冲动后现实的后果，只凭着一时兴起做事情，从而造成让自己后悔的局面。人生的路还有很长，我们要争取的美好事物还有很多，莫让当下毁于冲动。

充满希望的人生没有叹息

在这个世界上，几乎每个人都有着自己的希望——希望自己能找到一份好工作，希望自己变得更富有，希望自己能够更漂亮，希望自己能够拥有健康等。正是因为有了这些希望，人们生活才会有清晰的方向和明确的目的，才会有向着这个目标不断奋斗的动力和勇气。

美国著名政治家富兰克林说：“希望是生命的源泉，失去它生命就会枯萎。”在生活中，我们经常可以看到，有的人虽然身体健康，家庭幸福，事业稳定，但每天却活得都没有精神，不是无病呻吟虚度光阴，就是靠酒精、尼古丁或是虚拟的网络世界来麻醉自己。他们的肉体虽然还活在世上，但生命却已经枯萎了，因为他们不知道自己为什么而活。

还有一些人，虽然正经受着各种磨难和打击，却依旧竭力感受着生活的美好，依旧为自己的目标而拼尽全力。哪怕他们的生命即将走到尽头，哪怕已经不可能改变痛苦的结局，但他们仍倔强地不肯错过生活中每一分每一秒的精彩，因为他们始终为心中的希望而活。

在网络上流传着这样一个感人的小故事：

有一对恩爱的夫妇生活在海边，以捕鱼为生。丈夫每天清晨都要出海捕鱼，妻子在家料理家务。丈夫每次出门前都会告诉妻子，黄昏时他就会回来了。

数十年如一日，丈夫不管在海上航行多远，需要在海上停留多少天，他都会在黄昏时将船驶回岸边。妻子每天黄昏都会去海边独自等待，即使丈夫当晚没有回来，第二天她还仍会去继续等待。

有一次，海上起了台风，而暴风雨过后，丈夫的船再也没有在黄昏时出现在海边。

妻子依旧日复一日地去海边守候。不管刮风下雨，她都会准时出现在黄昏的海边。有人奇怪地问她，明知道丈夫不会再回来，为什么还要等下去？

妻子微笑着答道：“因为每个黄昏对我来说都是一个希望，希望是一盏灯，它引导我的生活在绝望的黑夜里前行。”

希望能够给绝望的人们带去光明，能够给苦难的人们带去慰藉。希望是荒滩戈壁里的一抹绿色，是大旱之年的一泓清泉。人总是要有些希望的，它能够让人驱散失望的迷雾，让心灵的天空变得湛蓝；它能够让人摆脱痛苦的阴影，去迎接崭新的美好生活；它能够让人产生无穷的力量，在坎坷和挫折交织的人生道路上，永远热情饱满，跃跃欲试。

在通往人生巅峰的漫漫征途上，最重要的不是出身，不是财富和地位，而是胸中像火焰一般熊熊燃烧着的希望。身处逆境而不被击垮的人，面对成败得失而毫不计较的人，都是在为自己的希望而活。所以，他们才能拥有智慧和勇气，拥有激情和信念，才能有机会创造自己辉煌的人生。

著名史学家托马斯·卡莱尔在他40岁时完成了第一本书稿——《法国革命》——它凝聚了卡莱尔半生心血和全部希望。但悲剧发生了，就在这本书发表以前，书稿被佣人当成废纸烧掉了。

沉重的打击让他感到绝望，甚至想到了死亡。可是，他不想让这段伟大的历史成为空白，他仍然希望用自己的思考和笔触为子孙后代讲述那个硝烟弥漫而又充满传奇的时代。

为了不让希望破灭，他必须重新振作起来。于是，他重新整理资料，凭着记忆开始将书稿重写一遍——这要比另起炉灶去写一本新书痛苦得多。

他忍受着巨大的精神煎熬，凭借着惊人毅力，通过相当长一段时间连续工作，最终将书稿第二次完整地呈现在世人面前。

有人说，心中有景，才能春暖花开；心中有愿，才能看到光明。希望就像黑暗中的灯塔，一直为我们指引着航向。充满希望的人永远都享受着奋斗的快感和收获的喜悦，在他们的生活中注定不会有叹息。

【让坏情绪不再纠缠你】

苏联著名作家特罗耶波尔斯基说："生活在前进。它之所以前进，是因为有希望在；没有了希望，绝望就会把生命毁掉。"充满希望的人生是光明的，因为它永远激励我们向前；失掉希望的人生注定是失败的，因为它会让我们在彷徨中走向末路。

你不是孤军奋战，别忘了还有家人

我们之所以能够幸福快乐地生活，与家人的支持与帮助是分不开的。没有父母辛勤抚养，没有兄弟姐妹相互扶持，没有爱人默默奉献，我们是不可能获得成功的。当你在人生之路上遇到困境时，千万不要忘记，你不是孤军奋战，还有那么多深爱你的家人，还有一个温暖而幸福的家。

屠呦呦在获得诺贝尔奖时说："深深感谢家人一直以来的理解和支持。"李安在捧起奥斯卡小金人时说："感谢我的妻子，今年夏天是我们结婚三十年纪念，我爱你。感谢我的儿子们，谢谢你们对我的支持。"姚明在发表退役声明时说："我首先感谢的是我的家人，父亲、母亲是我人生的启蒙者，叶莉是我最好的倾听者，而可爱的姚沁蕾则是我们新的希望。"

无论我们正处于人生的高潮还是低谷，无论我们正聚焦在闪光灯下还是转身默默地离开，人生的每一个瞬间都少不了家人的陪伴、支持和理解。

家人是我们一生的至亲至爱，他们是在任何情况下都愿意为我们付出一切的人，他们在我们生命中永远扮演着不可替代的重要角色。有家人在的地方就是我们可以避风的港湾。我们可以从家那里收获到至纯至真的幸福和无穷无尽的力量。即使我们遭遇人生的瓶颈，即使我们误入歧途，做了错事，家人都是帮助我们走出困境最有力的支撑。

浙江省某戒毒所通过实施以“亲情”为切入点的教育活动发现，家人的支持、亲情的感化对戒毒人员人格世界的改造起到了非常明显的积极作用。

每逢春节，戒毒所会开通亲情电话，让戒毒人员与亲人通话，在释放思亲之情的同时，戒毒人员也能得到家人的鼓励，从而产生“好好改造，重新做人”的无穷动力。

有的戒毒所还把采访戒毒人员家属的视频放给戒毒人员观看。当视频中 4 岁的女儿呼喊着思念妈妈时，当 83 岁的老母亲如泣如诉地表达着对儿子的思念时，在场的戒毒人员无不以泪洗面。他们纷纷表示，已经意识到所犯下的一切过错，并决心尽最大努力，积极戒治，早日回到亲人身边。

家人，是我们改过自新的动力，是我们战胜困难的支持。亲情，是我们生病时的温暖呵护，是我们得意忘形时的当头棒喝。因为他们是我们最爱的人，是我们最值得信赖的依靠。他们平凡得像一汪水，让我们纷乱繁杂的灵魂变得纯净；热情得像一团火，让我们的斗志在绝望中熊熊燃烧；温暖得像一首歌，悠扬的旋律抚慰着我们受伤的心灵；无私得像一首诗，柔美的字句寄托着对我们的叮嘱与思念。

所以，当你在为人生的目标而打拼时，不要感到孤独，家人是你最坚强的后盾。即使他们没有足够的财富帮助你力挽狂澜，即使他们没有足够的智慧为你提供锦囊妙计，他们有的可能只是一句关心的问候，一个温暖的拥抱，一顿丰盛可口的晚餐，或是一阵让你不耐烦的唠叨。这些看上去微不足道，却恰恰是你人生中最珍贵的财富。

洛妮出生在澳大利亚，从小就非常喜欢动物。袋鼠和考拉都是她最好的朋友。她的梦想就是成立一个公益组织，保护非洲濒临灭绝的野生动物。起初，父母并不支持她的想法——一个女孩子放弃优越舒适的生活，选择去非洲草原那样恶劣的环境里去工作，父母怎么能放心呢？但是，在她一再坚持下，父母最终还是答应了下来，叮嘱她说："既然你下了决心，我们一定会支持你，不过今后的路一定会充满坎坷，你要有思想准备。"

接下来的日子里，洛妮在这条路上走得非常艰辛。幸好有父母的关怀和支持，才让她熬了过来。有一次，她在非洲感染重疾。父母亲自赶到宿营地去照顾她。她才得以脱离危险，身体也一天天好转起来。

洛妮虽然成了一名义工，但距离她的梦想还有着很长距离。后来，她回到国内，组建了自己的家庭。在现实面前的无力感使她情绪低落。她每天都无所事事，只是做一些家务寥寥度日。

有一天，丈夫对她说："我知道你一直都有着自己的梦想，你的内心也始终向往着非洲草原。所以，请不要把时间都浪费在那些毫无意义的事情上。你应该花些时间去拜访一些企业，争取获得他们的资助。"

在丈夫鼓励下，她重新振作起来，并自己花钱出版了一本图书。书中的内容包括她在非洲时候的日记和拍摄的许多照片，以及她对动物保护的看法和规划。

她拿着自己写的书，拜访了当地很多知名企业。经过三年努力，她最终得到一些爱心企业的资助，成立了一个由几百人组成的国际野生动物救助组织。

梦想成真后的洛妮不无感慨地说，是家人的支持为她铺就了成功的道路，如果没有家人的支持，她是不会走到今天的。

当来自于家人的爱，默默地围绕在我们身边时，请不要让它错过。我们要用一生的时间去珍视它、呵护它。我们要把同样的爱赠予他们，要把人生中每一点的收获作为对他们最好的报答。

【让坏情绪不再纠缠你】

爱尔兰剧作家萧伯纳说：“家是世界上唯一隐藏人类缺点与失败的地方，它同时隐藏着甜蜜的爱。”我们人生中大多数时间是和家人一起度过的。他们的谅解与宽容，让我们感到了来自于家的温暖；他们的关爱与帮助，让我们有了面对困难时的勇气和力量。我们不会独行，因为身后永远会有家人的如影相伴。

尽力就好，不必太在意结果

人并非生而为赢，因为在为理想打拼的道路上，有些鸿沟注定是我们无法逾越的。我们看重的应该是奋然前行的过程，而非最后的终点。只要你已经倾尽了全力，即便最终不能取得预想的成功，那也没有什么悔恨了。沿途看到的风景和拼搏过后的汗水，就是日后最美好的回忆，也是上天赠予我们最珍贵的礼物。

北宋文学家王安石在《游褒禅山记》中写道：“尽吾志也而不能至者，可以无悔矣，其孰能讥之乎？”一个人尽了全力，即使不能达到终点，也可以无悔了，又有谁能讥笑他呢？

成王败寇是很多人内心根深蒂固的价值标准，“不想输，只想赢”心理给很多人戴上了沉重的枷锁，甚至逼人疯狂地追求着不切实际的目标。“一将功成万骨枯”，这个世界最终能登上顶峰的人毕竟是少数，很多人只能止步于山腰。但是，只要你不遗余力地努力过了，停下来的地方就是你自己的顶峰。

一个幸福的人必定懂得从努力过程中体验快乐，太看重结果不仅不能给自己带来惊喜，反而会让整个拼搏的心路历程充满沉重和苦涩。成功只能带来一瞬间的喜悦，而这一路走来的所见所感和经验阅历则是生命中最有价值的收获。

有一对年过六旬的夫妇，卖掉了城市里的高档公寓，到乡下买了一栋房子。他们将房子前的空地围出了一片小小的菜园。

他们每天都会花很多时间照顾菜苗，即便是在风雨交加的天气里，即便是在身体不舒服的情况下，他们都会准时地出现在菜园里。

可是，他们毕竟没有种菜经验，又由于年龄和身体的原因，在栽幼苗、浇水、施肥等诸多环节上都做得不很到位。在经验丰富的菜农看来，他们根本不可能种出好菜，但他们似乎并不在意结果，每天依旧辛勤地劳动着。

子女们见状，便埋怨起两位老人，想吃菜直接去超市就可以，那么大年纪了何必还让自己那么辛苦。更何况他们的努力也是白费劲，因为他们不可能种出好菜来。

听了子女的牢骚，两位老人只是微微笑了笑，平静地说：“最后能不能种出好菜来不重要，重要的是我们能每天享受劳动过程。因为这就是生活。”

生活永远没有终点，努力地过好每一分每一秒就是我们人生最大的成功。如果能实现最终的目标固然是一件好事，但为之努力的过程本身更加有意义。因为它见证着我们的汗水与泪水，抒写着为理想而打拼的悲壮与唯美，诠释着生命之于我们的价值与真谛。

一些学生把读书看作苦差事，就是因为他们只看重高考最终的分数，而忽略了学习知识和增长智慧的过程本身就是人生最大的乐趣所在。

一些年轻的创业者总是患得患失，就是因为他们太过功利，只看重功成名就的结果，而忽略了倾尽全力的奋斗历程才是最能体现人生价值的所在。

所以，我们不要紧盯着结果不放，过分看重结果只会适得其反。其实，当你为了自己的追求投入了全部的精力和心血，那么上天一定不会亏待你。

日本人田中耕一因发明“对生物大分子的质谱分析法”而获得了2002年诺贝尔化学奖。

他没有博士或硕士学历，大学时读的专业也和化学也没有关系。他在一家不起眼的公司工作，只是一名普普通通的职员，拿着很低的薪水。

但是，他对研究工作非常有兴趣，几乎把自己全部精力都投入到实验室一线的工作中去了，就连公司升职考试他都不愿意参加。他没有发表过任何重要的论文，和那些著名学者和科学家也没有任何交往，以至于在他获奖之后，当地很多科学家还是第一次听说他的名字。

在他的世界里，只有他所从事的研究工作，除此之外的一切名利他都从来没有想过。当获奖的消息传来，他甚至感到困惑，以为是有人在搞恶作剧，故意开他的玩笑。

有人说，天赐的才能，展现出来，只是虚妄高傲；而尽到全力的拼搏，才是真正令人臣服的境界。该奋斗的我们要不遗余力地去奋斗，该拼搏的我们要不留退路地去拼搏。如果还不能如愿以偿，只能说有些目标距离我们太过遥远了。与其苦苦仰视，倒也不如让自己心安理得；倾尽所有全力，生命已然充实；结果差强人意，但也无愧于心。

【让坏情绪不再纠缠你】

德国科学家本生说：“人生最大的快乐不在于占有什么，而在于追求什么的过程。”不要太看重结果，不要太计较输赢，享受尽力而为的过程才是人生的乐趣。在这个过程中，我们不断地收获着成长——这才是真正意义上的胜利，因为赢过自己比赢过别人更有价值。

别用他人的错误惩罚自己

在生活中，我们难免会因为一些人口不择言或无礼之举而感到气愤，难免会因为一些人的污蔑、讥讽或背叛而感到痛苦和绝望。因为这些而影响到自己乐观的人生态度，甚至做出自我伤害的事，这是在拿别人的错误来惩罚自己。凡事需要退一步，看淡一点，不要对那些不必要的人或事耿耿于怀，因为快乐的生活是由我们自己掌握的。

我们经常会听到这样的抱怨：“这个人怎么这样，简直气死我了。”“这件事太让人堵心了，还让不让人活了。”产生如此强烈的不悦情绪，多半是因为别人做了让你不顺心的事。有的人遇到这样的情况，要么暗地里气得要命，要么干脆和对方大吵一架，要么哭哭啼啼万念俱灰，要么借酒消愁，用伤害自己身体的方式来“解气”。

做了错事，的确应该受到惩罚。可如果错在对方，为什么是你来替人受过呢？无论是伤心还是郁闷，对人的身心健康都极为不利，还有人用自我伤害的方式来为别人的过错买单，这实在是糊涂之举。

珍妮弗本来是一个开朗乐观的女孩。在公司上班时，她认识了一个男孩。后来，两个人成为情侣。男孩帅气和博学，让珍妮弗深深地痴迷。

后来，男孩打算去其他城市发展，并希望珍妮弗能够陪他一起。珍妮弗的家人非常反对。他们对男孩并不放心，更何况一个女孩只身一人去一个陌生的城市，一旦有了差池，后果不堪设想。

对爱情的不舍使珍妮弗做出了艰难决定。她辞掉了工作，不惜和家人断绝关系，最终陪着男孩一起走了。

到了新环境，珍妮弗一时无法适应，没有找到合适的工作，只能每天在家里为男孩料理家务。随着时间流逝，两人的共同语言越来越少，感情也渐渐变得疏远起来。直到有一次，在男孩手机里发现了他与其他女孩暧昧的聊天记录，珍妮弗的世界刹那间崩塌了。

哭过喊过，吵过闹过，央求过，威胁过，两个人最终还是分道扬镳。此时，珍妮弗已经万念俱灰，没有收入，也没脸再回家面对父母，一个人在完全陌生的环境里无依无靠。

绝望的珍妮弗走向了绝路，幸好被路过河边的几位好心人救了下来。至今，她仍然没有从感情失败的阴影中走出来。

珍妮弗轻生的举动是否能改变现实，能让男孩回心转意或是受到应有的惩罚吗？答案是不能。当我们因为别人的过错而愤怒或流泪时，我们摧毁的是自己的情绪，伤害的是自己的身体。如果因此做出一些冲动的事，还有可能受到法律的惩罚，甚至付出生命的代价。这样的自我牺牲毫无价值，因为这不可能换来对方的忏悔和改过自新。犯错之人总要受到相应的惩罚，只是时间早晚的事，但无论如何都轮不到你来替人受过。

其实，这都是我们自寻烦恼罢了。那些伤害我们的人，注定不会成为我们的爱人和知己，他们只是我们人生中不必去在意的匆匆过客。对于一些不值得的人，我们没必要对他们的劣迹太过计较，更不要和我们自己过不去。我们不能把别人变成自己希望中的模样，但我们却可以好好地爱自己。幸福的生活是靠自己创造的，不是靠别人恩赐和施舍的。如果别人犯了错，冒犯了你，你完全可以从容淡定地一笑了之。

有一个人每天都要去住所附近的一个摊位买报纸。他总是面带微笑，彬彬有礼，“你好”“谢谢”之类的话随时挂在嘴边。不知道是因为自身涵养问题，还是生活着实不顺心，摊主从没有给过他积极的回应，总是很无礼地默不作声，或是将报纸随便扔到他手里。

有一次，一位朋友陪着他去买报纸，亲眼见证了摊主失礼的表现。于是愤愤不平地说：“这个人态度很差，是不是。”

“他每天都是如此，我已经习惯了。”他平静地回答道。

“那你为什么还对他那么客气，我恨不得给他一拳。”

他微笑着说：“我为什么要让他来决定我的行为呢？”

许多人之所以不快乐，大都因为我们的情绪总是被别人所左右。一个真正懂得快乐的人是不会让别人来掌控自己生活的，更不会用别人的错误来惩罚自己。我们要把快乐掌握在自己手中，因为生活中需要关注的美好事物实在太多，偶尔碰到烦恼的人或事就应该绕道而行。

【让坏情绪不再纠缠你】

德国哲学家康德说：“生气，是拿别人的错误惩罚自己。”我们不要把宝贵的时光都浪费在对别人的埋怨和痛恨中，更不要因为别人的过错而让我们自己的生活变得狼狈不堪。我们要好好爱自己，全心全意地去经营自己的生活，至于那些不重要的人，就随他们去吧！

今天的隐忍，是为了明天的腾飞

瞬间爆发的威力固然强大，但也比不上隐忍之力延绵和持久。人生犹如潮水，有涨潮会有落潮。所以，我们要学会隐忍，特别是在人生低谷时，要忍耐坚持，充满自信，坚定如一地去走自己的路。忍耐就像是收回的拳头，它不代表放弃，而是为了积蓄力量，为了再打出去的拳头更有力。

《掌声响起来》是一首非常感人励志的歌曲。其中一句歌词让人印象深刻："经过多少失败，经过多少等待，告诉自己要忍耐。"一个人的成熟和智慧往往体现在隐忍程度上。生活的确有着太多无奈，有太多是我们主观无法改变的境遇。人在不顺之时，是选择就此放弃和沉沦，还是选择暂避锋芒，韬光养晦，是一个人能否取得巨大成功的决定性因素。

很多时候，面对无法改变的事实，我们没必要去硬碰硬，最后碰得头破血流，情况仍然不会有何改观。倒不如暂时接受眼前的现实，用沉默和忍耐取代毫无意义的抱怨和反抗。然后，在艰难困苦中锻炼勇气，在风雨飘摇中磨炼意志，在歧视委屈中积攒创造辉煌的能力，同时等待着厚积薄发的机遇。

唐宣宗李忱是唐朝最具传奇色彩的一个皇帝。宫廷之争如同没有硝烟的战场，阴谋诡计，钩心斗角。李忱没有好的出身，没有后台，很容易遭到其他皇亲国戚的排挤和陷害，但他却忍辱负重，逆来顺受，让所有人都以为他是一个"傻子"。

李忱平日里沉默寡言，目光呆滞，窝窝囊囊地过着自己的日子。他还经常从马上无故跌落或是走着走就把自己摔得鼻青脸肿。即便被别人戏谑，他也总是像一根木头，脸上没有一丝表情。他目睹皇位不断更替，却始终以“傻”示人。但傻也有傻的福气，在历次宫廷政变中，他都毫发无损，毕竟谁会去和一个傻子过不去呢？

后来，唐武宗对李忱产生了怀疑，并决心除掉这个隐患，于是命人将他五花大绑扔进厕所，幸好被人救下。逃出皇宫后的李忱隐姓埋名，出家当了和尚。唐武宗驾崩后，宦官掌权。为了找一个傀儡任由他们操控，他们就把李忱扶上了皇位。

谁也没想到，李忱执政没多久，便从一个智障人士变成一代明君。他一举消灭了牛李党政，成功遏制了藩镇割据和宦官当权，还将已经沦陷百年的失地从吐蕃人手里全部收复。

一个曾经的“傻子”缔造了唐朝中兴盛世，《资治通鉴》中称当时的人把李忱称为“小太宗”。

“宝剑锋从磨砺出，梅花香自苦寒来。”从古至今，凡成大事者，必忍难忍之事。隐忍是一种理智的涵养，是成熟的豁达，是坚韧的意志，更是为了实现理想而不得不选择迂回的策略与智慧。隐忍者并非懦弱，而是目光更加远大，他们不会计较于一时的名誉与得失，选择暂时的蛰伏，只是为了明天更好的腾飞。

我们之所以要学会隐忍，就是因为自己的实力还不足以对抗现实，而隐忍的智慧却能帮助我们解决靠强力不能解决的问题。隐忍的人知道最坏的结局是什么，更清楚自己想要的是什么，不管正遭遇着怎样的不幸，总能沉默而又自觉地向着自己的目标一步一步前行。

日本矿山大王古河士兵卫在年轻时，曾经做过贷款的收款员。有一天晚上，他去客户那里收款，但对方根本就不想还钱，对他的态度也非常恶劣，让他坐在椅子上干等，自己却走进卧室睡下了。他见客户根本没有理会他的意思，就在那里一直坐到天亮。

第二天早上，客户起床后看到他仍坐在那里，非常惊讶。而且，他也没有半点生气的意思，脸上依旧带着微笑，态度也非常客气。客户深受感动，态度立即变得谦逊起来，将欠款一分不差地交到他手中。后来，他隐忍的性格得到了老板的信赖与认可。

很多年之后，他凑钱买下了足尾铜矿。很多人嘲笑他，认为他根本挖不出矿来。对于别人的质疑，他从不放在心上，只是带着人拼命地挖矿。两年过去了，他的资金已经所剩无几，可连铜的影子都看不到。这时候，和他一起挖矿的人也对他不满，甚至公开指责他。

此时，他依旧咬着牙，忍着气，硬着头皮继续坚持挖矿。直到第四个年头，他终于从矿里挖出铜，事情这才有了转机。

在总结成功经验时，古河士兵卫说："忍耐就是成功之路。"

在忍耐中积蓄力量，在隐忍中等待机遇的降临。那些轻蔑的目光、质疑的言辞以及责难的行为，都不应成为成功路上的绊脚石。只要我们清楚自己的目标，并毫不动摇地一直努力下去，就一定能迎来别人的赞誉和掌声。一时的忍耐又算得了什么呢？

【让坏情绪不再纠缠你】

印度著名诗人泰戈尔说："当他们大为谦卑的时候，便是他们最接近伟大的时候。"凡能铸就卓越之人，一定有超过凡人的气度。在遭遇困境和不公正待遇时，自暴自弃或是剑拔弩张都并非是勇气的体现。只有卒然临之而不惊，无故加之而不怒，才是一个大智大勇之人应该拥有的素质。

多说无益，用行动证明自己

每个人都有自己想要去追求的目标。有的人想成为商界精英，有的人想成为政界高官，有的人想成为娱乐明星，有的人想成为艺术大师。无论你想成为什么，只有努力去做才可能会有结果。慷慨激昂地介绍你心中的宏伟蓝图，或是费尽心思地解释别人对你的误解，都毫无意义。行动，才是对你自身能力和价值的最好证明。

俄国作家屠格涅夫的长篇小说《罗亭》描写了一个思想深刻，满怀理想的青年，但他缺少实践的勇气和能力，在面对真爱时也没有勇气去争取，常常屈服于其他人的意志，最终只能过着穷困孤独的漂泊生活。

“语言的巨人，行动的矮子”，我们生活中也不乏这样的人。谈起自己的雄心壮志，他们总是滔滔不绝，口若悬河，仿佛收获的果实已经唾手可得；谁要是提出反对的意见，他们总是针锋相对，据理力争，恨不得仅靠自己的三寸之舌就能让对方屈服。可是不管最后的结局怎样，我们都要靠自己的行动去争取，这是别人永远无法替代的。别人认为你行或是不行，其实都不能左右最后的结果。所以，说得再多、再好也没有用，所有一切都要靠行动去证明。

美国著名的马歇尔将军在早年间很受其他人排挤，但无论别人使出何种方法，都无法掩盖他的才能和勤奋。

1933年，马歇尔到了晋升准将年限，却被派到国民警卫师担任师长。

在军队中，国民警卫师并不是正规部队，在那里任职的军官根本得不到晋升机会。

很多人都为他鸣不平。他自己却并不怎么在意，还很大度地说："其实也没有什么，人在遭遇坎坷时，要做的就是耐心等待机会。"

马歇尔并没有因为受到排挤而消极应对。在警卫师，他依旧兢兢业业，勤奋工作，没有一丝懈怠。

后来，罗斯福总统发现了马歇尔卓越的才干和高尚的品质，任命他为美国陆军参谋长，并晋升为四星上将。

任何乌云都掩盖不住太阳的光辉，只要你不回避、不消极、不退缩，通过自身不懈努力，你的价值总有一天会得到别人的认可。"事源于思而成于行"，行动是一切成功的根本。别人无论怎么说、怎么做，都是人家的权力，靠语言的辩驳也不可能改变别人对你的看法，只有靠自己努力争取而来的结果，才是证明自己的最好方式。

生活中有很多人喜欢夸夸其谈，说自己如何超凡脱俗，未来必成大事。挂在嘴边的梦想只不过是白日梦，要想把梦想变为现实，只能积极行动起来。不喊口号，不说大话空话，不去做无用的解释和辩驳，把所有精力都专注于自己的事业上，脚踏实地地向着你的目标奋进。

阿尔伯特从小就想当一名好警察。他刚刚进入警察局工作时只有 27 岁。当时，很多前辈都对他不抱希望，一个细皮嫩肉、体态单薄的小鲜肉一定吃不了什么苦，估计干不了多久就会打退堂鼓。从那时起，他就暗下决心：别人的误解只是不够了解我，我要用行动去为自己正名。

此后 4 年里，他肩负起警察局里多项工作。每次出现场时，他总是自觉地背负起沉重的器材；抓捕罪犯时，他总是冲锋在前。有一次，为了抓捕一名气急败坏的罪犯，他被车子拖行了四五米。还有一次，某地发生山体垮塌，在连续奋战了 48 小时之后，他仍然不肯退出救援第一线。

他长年累月地超负荷工作，每天休息不足 7 个小时，还经常利用业余时间研究嫌犯的作案动机和特点。他用行动证明了自己，也成为一名好警察。

虽然很多时候，行动就意味着付出和承受，努力也不一定换来令人满意的结果，但如果不行动则注定只能接受失败的结局。我们需要的不是口头上的梦想，而是要付出切切实实的努力。有了想法也不用动嘴说，只要不顾一切地去做，就一定能够成功。

【让坏情绪不再纠缠你】

恩格斯说："判断一个人当然不是看他的声明，而是看他的行动，不是看他自称如何如何，而是看他做些什么和实际上是怎样一个人。"说得再多，也不过是画饼充饥；说得再好，也不过是纸上谈兵。一个人的能力、意志、品格、志向到底怎样，都不是靠嘴说的，而是要在实践中见分晓。俗话说，"是骡子是马，拉出来遛遛"。

第五章
用包容这把钥匙打开心灵的枷锁

生活中难免遇到不如意的事。抱怨，怨天尤人，只会让人的情绪恶化，让坏情绪嚣张起来，导致事情越来越糟糕。如果心胸开阔些，有包容和豁达心态，能互谅互让、互敬互爱，生活中的一切纷争和不如意就微不足道了，我们的坏情绪也会随之消散。

尊重别人才能赢得别人的尊重

懂得尊重别人是为人处世最基本的道德要求。孟子有云：“爱人者，人恒爱之；敬人者，人恒敬之。”一个人首先懂得爱别人，才会被别人所爱；只有懂得尊重别人，才能被别人所尊重。尊重，是对他人人格与价值的充分肯定，也是赢得他人对自己尊重的基础。

尊重他人是高尚的美德，是个人内在修养的外在表现。每个人的内心深处都渴望获得尊重，渴望别人能够平等、友好和真诚地对待自己。

但是，我们想要获取别人的好感和尊重，首先必须要尊重别人。因为在人际交往过程中，我们对待别人的态度往往决定着别人对我们的态度。不管对方是什么人，处于何种地位，在他的身上一定有某个方面胜过于我们。不尊重别人，就是否定自我，就是无知无畏、夜郎自大的表现。一个人不懂得尊重别人，自然也不会得到别人的尊重。

在美国一集团公司大楼的花园里，一个女人一边为儿子擦着眼泪，一边随手把用过的纸巾扔到地上。

这时，一位白发苍苍的老人捡起地上的纸巾，并扔到了垃圾箱里。女人没有把老人的举动放在眼里，随手又扔掉了六七张纸巾。老人都一一捡了起来。女人突然对着男孩说：“你都看到了吧，如果你现在不好好上学，将来就会像这个人一样没出息，做些既卑贱又肮脏的工作。”

听到女人的话，老人并没有生气，而是告诉她这里是集团公司的私家花园，只有公司的员工才能进来。女人不屑一顾地拿出自己的名片并丢在了老人身上，告诉她自己就是该集团一家分公司的部门经理。

老人从地上捡起名片，随手扔进垃圾箱，然后掏出手机拨了一个电话。没多久，一名男子神色匆匆地走过来，恭敬地站在老人面前。老人说：“我现在提议免去这位女士在公司的职务。”

说罢，老人走到小男孩儿身边温和地说：“人不光要懂得好好学习，更重要的是要懂得尊重每一个人。”

女人认识这名男子，他就是所有分公司的总监。她好奇地问：“你为什么对一名清洁工毕恭毕敬呢？”

那名男子回答道：“他可不是什么清洁工，他是集团总裁。”

因为自己的蛮横与无礼，这个女人不仅没有得到别人的尊重，最后还丢掉了工作。这样的人在我们的生活中屡见不鲜：他们自命不凡，盛气凌人，对于身份低于自己的人往往不屑一顾，从来不放在眼里。实际上，这不仅不能体现出身份的高贵，反而更能显露出一个人内心的卑微。

尊重，没有身高低之分，只有人格贵贱之别。任何人都不可能尽善尽美，任何人的存在对于我们的生活都有着特殊的意义和价值。我们不应该以俯视的姿态去审视别人，更没有资格以傲慢无礼的表现去侮辱别人。即使是社会最底层的小人物，也同样值得我们去尊重，这折射出一个人的操守和品质。将心比心，当你以真诚的态度去尊重别人时，别人也会产生对你的好感和肯定，自然也能赢得别人的尊重和爱戴。

曾经两次被《福布斯》评为世界首富的日本企业家堤义明，在他很小时曾经发生过一件事，让他一直铭记于心。

那时候，他爷爷开了一家点心店。有一次，一个衣衫褴褛浑身恶臭的乞丐走进了店里，伙计却轰赶着让他离开。乞丐很难为情地拿出几张褶皱的钞票，解释说："我听说这里的点心好吃，好不容易凑到这些钱，今天想来尝一尝。"

一旁的爷爷连忙走上前去，恭恭敬敬地将热气腾腾的点心递给了乞丐，并深深地向他鞠了一躬，说："多谢关照，欢迎下次光临。"

爷爷的态度让很多人感到不解。爷爷解释说："一名乞丐为了品尝自己店里的点心，不知要付出多大辛苦才能凑到这一点钱。这是对点心店最有价值的肯定，当然要毕恭毕敬地去接待他。"

"既然如此，为什么还要收他的钱呢？"堤义明问道。

爷爷笑笑说："他今天是作为一个顾客来到这里的，不是来讨饭的。如果不收他的钱，岂不是对他的侮辱？我们一定要记住，要尊重每一个顾客，哪怕是一个乞丐，因为我们的一切都是顾客给予的。"

尊重，就是应该以平等的态度去对待别人，就是对他人人格和价值的充分肯定。希望得到别人的尊重几乎是每一个人的共同愿望，如果你也想到得到同样的礼遇，首先要学会去尊重别人，哪怕对方是一个乞丐。

【让坏情绪不再纠缠你】

德国著名作家席勒说："不尊重别人的人，别人也不会尊重他。"每个人都希望得到别人的尊重，希望把更好的自己展现给别人，从而使别人对我们产生敬意。所以，收获尊重的过程，本身就是人格之间的平等互动，你能给别人什么，别人就会给你什么。如果你对别人总是没有好脸色，又怎么指望别人会尊重你呢？

给那些犯错的人多一点宽容

生活中每天上演着各种各样的剧情，有和谐就会有矛盾。当面对别人一个小小的过失时，我们与其得理不饶人，羞辱对方，气坏自己，还不如以宽容的心态给对方一个淡淡的微笑，一句善意的提醒。生活会因为你的胸怀而变得宽阔，心灵会因为你的宽容而变得坦然。

古人云："海纳百川，有容乃大。"我们的胸襟应该像大海能够容纳下无数河流那样宽广。我们乐于接受别人的优点，就要同时学会包容别人的缺点和不足。

一个人能否体验到快乐，完全取决于自己的心情。学会忍耐和克制，懂得退一步海阔天空的道理，不要为了一点小事就和别人较真。在生活工作上，难免会遇到一些不顺心的情况，如果能够以宽容的心态去应对，那么就会让生活变得轻松许多，否则不仅我们自己会感到痛苦难受，更有可能激化矛盾，引起更多的麻烦和困扰。

王晓和张磊是一对恩爱的小夫妻。作为丈夫非常称职，张磊不仅事业有成，还经常主动承担家务。但是，有一点让王晓非常困扰，就是张磊酷爱饮酒，还因此住过医院。

为了让张磊戒酒成功，夫妻俩不知沟通过多少次，吵过多少次。王晓以离婚相要挟，才最终让张磊同意了戒酒。在那之后相当长一段时间里，张磊在家果然滴酒不沾。这让王晓非常满意。

有一次，张磊在单位“加班”，王晓觉得无聊，便出门逛街。路过一家餐厅时，她竟然看到张磊正在和一些朋友们推杯换盏。王晓被气得失去了理智。她冲进餐厅，掀翻了桌子，给张磊一记狠狠的耳光，然后哭着冲出了餐厅大门。

在那之后，夫妻之间便有了深深的裂痕。王晓觉得自己再也无法相信张磊。张磊觉得王晓作为妻子对他没有丝毫的理解可言，让他在朋友面前颜面扫地。最终，两个人在离婚协议书上签下了自己的名字。

在生活中，每个人都会犯错，因为一点小事而让一段美好的感情变得破碎，实在得不偿失。如果面对丈夫偶尔的失信，妻子能够宽容一点，或是面对妻子一时的冲动，丈夫能够给予更多的体谅和理解，或许最终的局面就不会是这样。别人有了过失，你不依不饶也解决不了问题，还会使事情变得更糟；倘若能以平和的心态去看待，并以适当的方式给予沟通、批评和指正，不仅能让犯错者改过自新，你自己也能免受伤害。

宽容是一种善良的美德，是一种博大的心态。它能够包容人世间所有喜怒哀乐，也能够容得下生活中所有不和谐的音符。能够做到宽容别人，就能显现出自己高尚的人格，提升自己仁慈高雅的气势，就会为自己迎来更多的欣赏和尊重。

有一次，匈牙利著名钢琴家李斯特路过德国一个小镇，看到贴在墙上的宣传海报说，一位钢琴师要在这里举办一场演奏会，那位女钢琴师是李斯特的学生。李斯特非常奇怪，因为在他印象中从来没收过这样一位学生。于是，他主动找到那位女钢琴师。

那位女钢琴师是一位年轻的姑娘。见到李斯特，她惊慌失措起来，跪在地上，请求宽恕。原来，她出身贫寒，却酷爱音乐，为了维持生计，只好谎称自己是李斯特学生。听了姑娘的话，李斯特并没有生气，而是扶起了姑娘，并让她把演出的曲目从头到尾演奏一遍。针对其中的不足之处，李斯特提出了许多改进建议，还亲自进行示范。然后，他对姑娘说："现在你就是我的学生了。你可以光明正大地以这个身份去演出。"

李斯特的话语让姑娘非常感动。

为了证明她就是自己的学生，在演奏会结尾，李斯特还亲自上台弹奏了一曲。这让整个剧场都几乎沸腾。

李斯特宽以待人的品格在世间广为流传。他不仅赢得了那位姑娘加倍的崇拜，更赢得全世界乐迷的尊重与爱戴。无论你身处何种地位，也无论掌握着何种精湛的技艺，只有良好的修养和宽宏的胸怀才能让人对你心悦诚服。

宽容对别人来说是一种慈悲，对自己而言也是一种恩泽。世间没有绝对的好坏对错，很多人的过失往往也都是无心之举。一个人要有清浊并容的雅量，用一颗宽容的心去理解别人、原谅别人，只有这样才能让我们的心情倍感舒畅。

【让坏情绪不再纠缠你】

莎士比亚的《威尼斯商人》中有这样一段话："宽容就像天上的细雨滋润着大地。它赐福于宽容的人，也赐福于被宽容的人。"宽容是豁达的心胸，是友善的美德，是生活的艺术，是最为闪耀的人格魅力。多一分理解和宽容，我们的生活就会多一分珍贵与美好。

谦虚是获得成功的必要条件

谦虚的人虚心而求实，深思而熟虑。他们之所以低调处事，是因为他们并不看重虚名，把功名利禄都看成身外之物。他们专注于自己的事业，永远对未知的领域充满好奇，永远不会停下追求真理的脚步。在他们看来，自己永远都是一个“小学生”，不可能有居功自傲的资本。

我们生活的世界有无限大，而我们所真正了解的不过是沧海一粟。更何况，山外有山，人外有人，即使你获得了一点点成绩，也实在没有什么可值得炫耀的。自以为是只能证明一个人的无知，而那些能够创造伟业的人往往都懂得谦虚谨慎的道理。

谦虚是一种低调为人、踏实做事的精神，是一种虚怀若谷、不骄不躁的胸怀。

一个谦虚的人，能够在自己从事的领域里不断取得进步。学海无涯苦作舟，一个人不管如何聪明和博学，也不可能掌握人类世界的所有智慧。只有认识到自己的不足，才能明确未来努力的方向，以虚心好学的态度和持之以恒的精神，一步一个脚印地向着伟大的目标靠近。

一个谦虚的人，能够赢得所有人的好感和尊重。自大者往往不可一世、飞扬跋扈，而谦虚的人却恭谦有礼，礼贤下士，亲和谦让。人们更愿意与谦虚的人交往合作，也往往容易对他们产生敬重之情。

诺贝尔是19世纪末瑞典杰出的化学家。他在自己的领域做出过无数贡献。

但是，这些并没有成为他骄傲的资本，相反，他为人却非常谦逊。

有一次，一个出版商找到诺贝尔，想把他的事迹收入到瑞典名人大全之中。诺贝尔很有礼貌地拒绝了。他说：“我喜欢订阅这本有价值、有趣味的书，但请您不要把我收入。我不知道我是否应当得到这种名望，不过我厌恶过分的辞藻。”

后来，诺贝尔的哥哥想编写一部家族史，请他写一篇自传。于是，诺贝尔在自传中写道：“阿道尔弗雷德诺贝尔——他那可怜的生命，在呱呱坠地时，差点断送在一位仁慈的医生手里。主要的美德：保持指甲的干净，从不累及别人；主要的过错：终身不娶，脾气不佳，消化力差；仅有的一个希望：不要被人活埋；最大的罪恶：不敬财神；生平重要事：无。”

哥哥对他反复劝说，想让他把自己的功绩写到自传里，可诺贝尔却执意不从。他说：“我不只是没有时间，最根本的原因是我不能写什么自传。在宇宙漩涡中，有恒河沙粒那么多的星球，而无足轻重的我们，有什么值得去写？”

像诺贝尔如此伟大的人，面对功名时尚且一再避让，我们这些普通人又有什么不谦虚的理由呢？

反观现实生活，有很多人在网络上发表一两篇文章就自视为“作家”，在选秀比赛中唱过一两首歌就自诩为“大腕”，在商场上赚了几桶金就给自己贴上“贵族阶层”的标签。这些人虚张声势沽名钓誉，即使能得到一时的光彩，却也难铸就持久的辉煌。

“满招损，谦受益”，谦虚的人能够给自己更为准确客观的定位，能够认识到自己渺小和不足。他们不满足眼前取得的成绩，所以才会不断超越和完善自我。

有一次，美国女作家玛格丽特·米切尔去参加一个聚会。由于她态度谦虚，沉默寡言，而且衣着简朴，在聚会现场不被其他人所重视。

一位男作家不屑一顾地问她：“这位女士，你是一位专业作家吗？”

“是的，先生。”米切尔礼貌地答道。

“那你有什么大作发表吗？让我拜读一两部可否？”男人盛气凌人地追问。

“我只是写写小说而已，谈不上大作。”

男人轻蔑地歪了一下嘴，骄傲地说：“我已经出版了339部小说，请问你出版了几部？”

米切尔笑着答道：“我只有一部。”

“你只写了一部小说，能否告诉我这本小说的名字？”

“《飘》。”米切尔平静地答道。

顿时，那位狂妄的男作家顿时目瞪口呆。

《飘》是一部不朽的传世经典，感动了无数的读者，后来还被好莱坞搬上了银幕，电影名为《乱世佳人》。电影自公映之日起，引起巨大轰动，并迅速风靡全球。至于那位自命不凡而又自取其辱的男作家究竟写过什么，已经无从考证了。

有人说，谦虚者平易近人，骄傲者盛气凌人；谦虚者从善如流，骄傲者心高气傲；谦虚者喜欢自叹不如，骄傲者喜欢洋洋得意。以谦虚的姿态行走在人世间本身就是一种修行，它会让我们在成绩面前保持一份清醒，不会被眼前的胜利冲昏头脑，在自我实现的道路上永不止步。

【让坏情绪不再纠缠你】

法国著名思想家卢梭说：“伟大的人是绝不会滥用他们的优点的，他们看出他们超过别人的地方，并且意识到这一点，然而绝不会因此就不谦虚，他们的过人之处愈多，他们愈认识到他们的不足。”谦虚是一种淡然的人生态度，它能帮助我们准确地认识自我；谦虚是一种不骄不躁的心境，它能够帮我们守住心灵的一方净土；谦虚是一种永不自满的智慧，能够帮助我们创造一个又一个奇迹。

最该感谢的是你的对手

在工作和生活中，我们会遇到很多对手。他们可能是我们事业上的竞争对手，可能是我们理想和希望的争夺者。在实现个人奋斗目标过程中，对手会给我们制造很多障碍和困难，会让我们感到疲惫、痛苦和愤懑。但是，我们仍然要感谢他们——正是由于他们的存在，才让我们自己变得更强大。

清朝康熙皇帝是中国历史上最辉煌的封建帝王之一。在执政 60 年之际，他在皇宫举办千叟宴以示祝贺。席间，他举起三杯酒，一敬孝庄太后，二敬众臣和天下黎民，这第三杯酒就是要敬鳌拜、吴三桂、郑经、噶尔丹等清朝的敌人。他说：“正是他们的存在，才逼着朕建立了丰功伟绩，没有他们，就没有今天的朕，我感谢他们。”

感谢对手，这不仅仅是一种大度的胸怀，更是成功者发自肺腑的感慨。正是这些对手的存在，才燃起了我们的斗志，磨炼了我们的毅力，激发出无限的潜能，使我们变得更加勇敢和坚强，对胜利充满了更为强烈的渴望。战胜对手固然是我们努力的目标，但更为重要的是，想要战胜一个强大的对手，唯有让我们自己变得更强大。

法国科学家普鲁斯特和贝索勒为探讨定比定律，进行了长达9年的辩论。他们成为一对互不相让的对手。普鲁斯特成为最后的胜利者。

胜利后的普鲁斯特没有半点骄傲的表现，而是向自己的对手贝索勒表达感恩和敬重之情。他说："要不是你的质疑和责难，我是不可能如此深入地去研究定比定律的。"他还向世人宣告，发现定比定律有贝索勒一半功劳。

作为失败者的贝索勒也没有半点懊恼，反而因为在科学争论中发现了真理而欣喜若狂。他在给普鲁斯特的信中写道："您发现了定比定律，9年争论终于有了结果，我向您——真理的发现致意！"

生活因为有了对手才充满激情，因为有了对手我们才不再孱弱，而变得越发坚强。据说欧洲人特别喜欢吃沙丁鱼，但是由于天性的原因经过长途运输的沙丁鱼死亡率极高。后来渔民们想了个办法，在运输沙丁鱼的鱼槽里放进一些鲶鱼，而鲶鱼恰恰是沙丁鱼的天敌。鲶鱼的出现让沙丁鱼非常紧张，左冲右突，四处逃窜。由于精神上的亢奋和紧张，使得沙丁鱼的死亡率大大降低了。这就是著名的"鲶鱼效应"。

一个人如果安于现状，不思进取，缺乏斗志，灵魂就会一天天枯竭。所以我们需要对手，因为对手会迫使我们进步。如果把人生的竞争比作一场赛跑，如果不想被对手超越，如果不想输，我们只能拼命地快跑。不管最后的结果如何，至少我们战胜了自己，我们不再懈怠、不再平庸、不再惧怕挑战。

对手就像一面镜子，让我们敢于正视自我，敢于重新审视自我。与对手的较量，其实就是和镜子中另外一个自己的较量。他快我们就要变得更快，他强我们就要变得更强，只有这样，我们才能永远立于不败之地。

乔治·巴顿是美国历史上最优秀的坦克防护装甲专家。为了研制M1A2型坦克防护装甲，他邀请著名爆破专家迈克·马茨作为自己的助手。与其说是助手，不如说是对手。因为马茨的工作就是想方设法对巴顿研制的装甲进行破坏，而巴顿要力争研制出无法被任何力量破坏的坦克装甲。

这是一场实实在在的“矛与盾”的较量。在装甲每次被炸坏以后，巴顿总会向马茨寻求意见，分析失败的原因，并通过一切努力去完善装甲的设计。

当有一天马茨想方设法引爆的高爆炸药对防护装甲未造成半点损坏时，巴顿当即宣布，M1A2 型坦克防护装甲研制成功。直到今天，这个型号的装甲仍然是世界上最坚固的。

在总结自己成功经验时，巴顿说：“我取得成功的一个重要原因，就是因为我有一个强大的对手。以强手为对手，是让自己取得成功的最有效的捷径，如果成功有捷径的话。”

这个故事又一次告诉我们，对手是压力，也是我们前进的动力；压力越大，由此而激发出的动力也就越强。所以，无论成功还是失败，都不忘了感谢你的对手，因为他们曾伴随我们一起追逐、一起较量、一起腾飞，因为他们就是我们前进路上最大的助力。

【让坏情绪不再纠缠你】

爱尔兰作家埃德蒙·伯克说：“同我们角斗的对手强健了我们的筋骨，磨炼了我们的技巧，我们的对手就是我们的帮手。”在人生征途上，胜利者往往只是少数，“一时瑜亮”的悲哀是不可避免的。但真正的英雄却绝不仅仅是最后的胜者，一个人创造出了辉煌，都一定少不了伟大对手的帮忙。

自我救赎，摘下种在你心中的仇恨之花

无论对方有多坏，犯的错误有多严重，哪怕是深深伤害过你，我们也要试着去宽恕别人的错误，学着放下对他的仇恨，这样才能实现自我的救赎。因为放下仇恨那一刻，就是我们的心灵重获自由时，没有了仇恨的包袱，我们便能微笑着面对生活。

曾经有这样一个新闻故事：

在一场婚礼宴席上，许多到访的客人出现身体不适。经调查，原来是有人在饭菜里下毒。警察很快锁定了嫌犯，并将他抓获归案。原来，嫌犯以前和新郎同住在一个村子里，因为盖房的事发生了纠纷，两家人打得不可开交，嫌犯的母亲还因此一病不起。从那之后，两家人便成为不共戴天的仇敌。虽然新郎一家后来搬到了城里居住，可嫌犯却一直在暗地里观察着他们的一举一动。直到六年后新郎结婚的当天，他决定实施自己的报复计划。

虽然中毒的人员均得到了及时救治，但一个复仇的念头竟能在一个人心里埋藏六年甚至更长时间，如今想起来仍让人感到恐怖和无奈。

仇恨是一切罪恶的源头，是一颗邪恶的种子，埋在心中必然会喷射出致命的毒液，在报复别人的同时，也会伤害到我们自己。仇恨会让人变得愤懑、冲动、狭隘和丑陋，会让人错失掉大好时光而深深地活在深不见底的黑暗里。我们需要的是平和安详，洒满阳光的生活，所以我们要强迫自己放下仇恨。

瑞森曾经有着一个幸福的家庭。在他10岁那年，一个女人因为吸毒过量导致神志不清，将正走在回家路上的瑞森父母杀害了。这个女人被抓进了监狱，留下了一个刚满一岁的儿子。

后来，瑞森被送进儿童救助站。在很多人帮助下，他大学毕业，并成了一名优秀的医生。

有一次，一个问题少年因为持械斗殴而受重伤，命悬一线。瑞森立刻对他进行了手术。在翻看病人资料时，他发现这个少年原来就是杀害自己父母的那个女儿的儿子。

真相并没有影响到瑞森对少年的救治。在他痊愈以后，瑞森还拿出一部分积蓄去资助他，并定期去探望他。

很多人对瑞森的行为表示不解，但他却说："在父母出事之后的很长时间里，我的确恨过那个女人，每天睡不着觉，总在想着如何去找她报仇。这样的心态让我一直生活在绝望里。直到有一天我突然意识到，生活里有太多事比恨一个人更值得去做。在很多人的帮助下，我才拥有了今天的生活，所以现在的我也愿意去帮助更多的人，哪怕是'仇人'的儿子。"

仇恨对我们每一个人来说，都是一个沉重的负担。一个人不肯放弃自己心中的仇恨，不能原谅别人，归根到底还是在自己仇恨自己，自己跟自己过不去。所以，放过自己就要放下仇恨。如果仇恨是一杯毒酒，宽恕就是一副解毒的良药；如果仇恨是困住心灵的枷锁，包容就是打开心锁的钥匙；如果仇恨让我们的生活变得枯竭，那么友善和微笑就是滋润我们心田的春风化雨。

放下仇恨，我们就不会被不堪回首的往事所困扰，我们才能活得心安理得、心胸坦荡，才能重获快乐的心境。放下仇恨比想方设法地报复更难、更需要勇气。当一个人不再对过往的仇恨耿耿于怀时，他的人生才有可能变得完美和圆满。

1993 年，曼德拉领导的政党与当时的白人政府谈判达成和解协议。可就在协议通过后不久，一位黑人领袖哈尼被一名白人极端分子刺杀。顿时，全南非的黑人都愤怒了。他们举行大规模游行示威，要求清算白人对黑人所犯下的所有罪行。

在内战一触即发的紧急时刻，曼德拉四处游走，劝说黑人保持冷静和克制。他说："虽然暗杀哈尼的是白人，但记下凶手车牌号并报警的，也是白人。要说仇恨，你们任何一个人也不会比我更深，但我们应当明白，压迫者和被压迫者一样，必须获得解放。夺走别人自由的人是仇恨的囚徒，他被偏见和短视的铁栏囚禁着。"

与此同时，他还安抚白人，向他们保证不会找他们复仇，不会有压迫，法律秩序也不会被罔顾和颠倒。

在他的努力下，一场危机被化解了，南非终于获得了持久的和平与稳定。

放下仇恨，才能与他人和睦相处，才能收获他人的尊重和友情，才能赢得他人的支持与帮助。一个人在遭受了沉重的伤害之后，依然能不乱分寸，放下仇恨，以冷静克制的态度去积极地寻求化解矛盾的方式，这样的人必将会有一番了不起的成就。

【让坏情绪不再纠缠你】

美国著名民权运动领袖马丁·路德金说："仇恨使生命瘫痪，只有爱能治愈；仇恨使生命混乱激荡，只有爱能再次奏出和谐的生命乐章；仇恨使生命陷入无尽的黑暗，只有爱能重新点亮生命之光。"用宽恕和爱来让我们忘记仇恨，这是对自己的一种解脱。只有放下，才能以更好的姿态继续向前生活。

如果把别人的过错永远记在心里，心灵就会被仇恨所占据，最终受害的还是我们自己。

人生切忌“在一棵树上吊死”

“不要在一棵树上吊死”，就是告诉我们在生活中遇到了无法逾越的难关，一定不要顽固不化，要学会变通，尝试用其他方法和新的途径来解决问题。人们的很多烦恼，大都来自于对某个人或某条路过分执着，从来不给自己新的选择。

新中国第一位获得“人民艺术家”称号的老舍曾经在文章中写过这样一段话：“这一本写失败了，即去另写一本。新事物是取之不竭的，何必一棵树上吊死人？”老舍的话就是告诉我们，在遇到不利的局面时，不要一味地执着不变，要学会变通，用新的方法和途径来帮助自己走出困境。

生活中有很多人崇尚教条主义，照本宣科、固执已见、墨守成规。很多时候，明明已经走到了绝路，却仍然不思改变；明明已经没有了希望，却仍然执迷不悟，深陷其中不能自拔。

《按图索骥》的故事想必大家已经耳熟能详，说的是秦国时有一位伯乐名叫孙阳，好马还是坏马他一眼就能分辨得出。后来，他把认马的本领都收录在《相马经》里。他儿子没有怎么出过门，熟读《相马经》后便认为自己也掌握了父亲的本领。有一天，他在路上看到一只青蛙，额头隆起、眼睛明亮、四肢粗大，他心中暗想，这正是一匹好马该有的特征啊。于是，他便把青蛙抓回了家，和众人炫耀道：“大家快看，我抓到了一只千里马。”

这虽然只是一个典故，却足以让我们看到一个不懂得变通的人有多么可悲和可笑。

玛莉和蒂娜是大学的室友。她们共同的理想是进入麻省理工学院攻读博士。可是，她们先后经历两次考试，均以失败告终。两个女孩虽然勤奋，但天资都不算聪明。老师都认为，她们更适合在社会打拼，而不是搞科研。

在决定是否第三次参加考试时，玛莉有些动摇了。一些同学邀请她一同创业。在经过一番激烈思想斗争以后，玛莉决定换一条道路走走看。于是，她和其他同学在商业区开了一家“博士餐厅”，规模虽然不大，但效益一直很好。他们都是受过高等教育的年轻人，餐厅的装潢特别有文化气息。餐厅内四周摆满书架。在用餐闲暇之余还能读上几本自己喜欢的书，这对于有文化、有身份的中产阶级非常有吸引力。

不到两年时间，玛莉就开了自己的分店。自己做了老板之后，她的事业也稳定了下来。于是，她又利用业余时间开始阅读考取博士所需的书籍，希望有一天能够实现之前未尽的梦想。而此时，蒂娜由于第三次考试失败，早已经绝望地回家去了。

一个人敢于坚持自己的梦想固然没错，但是这种坚持却不能成为顽固不化和墨守成规。以玛莉和蒂娜的经历为例，不是每一个人都适合读博士，人生的时光是宝贵，既然已经有过两次挫折，就应该去考虑人生还有没有其他的可能。像玛莉这样有了自己的事业，在保证生活质量的基础上，再去追寻自己的理想，这何尝不是一种迂回的策略和变通的智慧呢？像蒂娜这样一条路走到黑，最后自然不会有好的结局。

所以，人在选择坚持的同时，必须认清自我，必须审时度势，一旦发现眼前的局面已经超出自己能力把控的范围，千万不要钻牛角尖，不要碰了钉子再回头。而是要学会随机应变、另辟蹊径，换一种方式或许就能让你的人生柳暗花明。

罗伯斯是一位以色列的商人。他很小的年纪便下海经商，销售自己创作的各种款式的玩具娃娃。但因为产品同质性太强，售价又比较低廉，所以他起初生活非常穷困，甚至连房租都交不起。

他深刻地意识到，如果在延续老的思路，现状根本无法好转，所以他必须做出改变。

在一次展销会上，他通过讲故事的方式来出售娃娃。比如，他指着手中一个娃娃说，“她是一个急性子的姑娘”或“她不喜欢吃红豆饼”。没想到他的这一举动竟然大获成功，销量一下子提高了许多。

在那之后，很多顾客给他来信，向他介绍娃娃被买回去以后的情况。此时，他意识到，他要创造的不是玩具娃娃，而应是有性格、有灵魂的“小孩”。

就这样，他开始给每个娃娃起名字，并配有出生证书。每个购买娃娃的顾客还要做一个收养宣誓，表明自己把“孩子”抚养长大的决心。

将玩具拟人化，并融入人类的情感，这样的创意真可谓是一大创举。此时，罗伯斯已经成为全世界最富有的年轻人之一。

当你遇到阻力停滞不前时，当重重阻碍让你步履维艰时，一定要学会灵活变通，改变一下方向和策略。坚持走自己的路是一种勇气，在不同的环境下采取不同的应对措施，则更是一种难得的智慧和胸怀。

【让坏情绪不再纠缠你】

作家涂道坤在《一变就通》中写道：“水随器而圆，人随水则变通。”我们生活的环境总是千变万化，墨守成规无异于故步自封、停滞不前。而善于变通的人能够分辨出哪些是绝境哪些是机遇，并会及时调整自己的方向和策略，力争抓住那些人生中难得的大好机遇。

不计前嫌，让一切重新开始

> 电影《中国合伙人》有一段情节让人印象深刻：成东青、孟晓骏、王阳三个好兄弟一起创业，但后来因为处事方式和价值观不同，三个人在大吵一架后分道扬镳了。再后来“新梦想”学校惹上了官司，就在成东青孤立无援最危急的时刻，另外两个好兄弟回到了他身边，并愿意和他一起共渡难关。

不计前嫌的故事不仅发生在电影里，在我们的生活里同样比比皆是：春秋时期，齐桓公重用曾经暗杀过自己的管仲，这是一种不计前嫌；功成名就以后的梅兰芳能够主动照顾曾经把他轰出师门的恩师，这是一种不计前嫌；新中国成立后，中国政府审时度势开展“乒乓外交”，使得中美关系得以缓和，这是一种不计前嫌；一个好心的女孩被摔倒的老人诬陷，真相大白后反而向住院的老人捐了一千多元，这同样是一种不计前嫌。

不计前嫌不仅仅是宽恕和谅解，很多时候它还意味着冰释前嫌，破镜重圆，甚至是以德报怨。在生活中，忘掉一个人的过错其实并不难，难的是仍能以一颗慈悲的善心去面对那些伤害过我们的人。

朱莉亚如今已经年过六旬。她曾经嫁给过一名伐木工人。婚后的生活不算幸福，丈夫贪杯酗酒以及酒后打人的坏习惯，始终困扰着她，但为了家庭的完整，她都忍了下来。

后来，她丈夫丢了工作。朱莉亚靠做小生意赚来的钱成为家里唯一的经济来源。每天的生意都是由她自己打理，丈夫从来不管不问，仍然每天喝得烂醉如泥。有一年圣诞节，丈夫在酒醉后打伤了她的头。这让她彻底绝望了，终于下定决心选择离婚。

离婚三年后，有一次，她从别人那里得知前夫突然失踪了。原来，他在酒后突发脑出血，晕倒在路上。朱莉亚来到医院，找到神志不清的前夫，并拿出自己的积蓄给他治病，后来还把他接回家中。

前夫患病后，生活不能自理，全要靠朱莉亚照顾他的生活起居。虽然付出了很多辛劳，朱莉亚却释然了许多。她说："我和他毕竟曾是夫妻，他虽然做过伤害我的事，可我们毕竟一起走过那么多岁月。他如今遇到了困难，我不能坐视不管，我要是不管，他就彻底完了。"

在她的努力和感动下，前夫的身体在一天天好转。他也对自己曾经犯下的错感到深深的内疚。

面对一个和自己已经毫无瓜葛的病倒男人，朱莉亚完全可以置之不理，特别是这个男人还曾经深深伤害过她。但是，良心却让她不计前嫌，把那些不愉快的往事暂时搁置一边，全心全意地照顾这个曾经可恶、现在可怜的男人。尽管他们最终没有复婚，但是一个悲剧能以这样的结局收场也算是一种圆满。这不仅体现了朱莉亚大度的胸怀，更体现出人性中的真善美。

我们不要总念念不忘于别人的"不好"，而是应该更多的想到别人的"好"。这不仅能使我们的生活变得和谐，对我们事业的发展同样非常重要。

尼万斯离开苹果公司已经有十年的时间了。当初他选择离开时，乔布斯和人力资源部部长盖勒对他苦苦挽留，但都没有奏效。

十年后，尼万斯深深感觉到自己当初离开苹果实在是一个错误，并希望回到公司继续工作。但是，他的复职申请被盖勒拒绝了。

不久后，乔布斯在研发一个项目时突然想到，尼万斯的专长恰好适合于这个项目，如果有他的参与一定能攻克当前技术上的难关。但盖勒仍然坚持，一个人必须为自己的“背叛”付出代价，这是他应有的下场，他没有资格再回来。

于是，乔布斯劝解道：“每位员工都是公司的无价之宝，一旦被竞争对手挖走，损失将不可估量。他重返公司，不仅会让团队增加一位顶尖的人才，还能削弱竞争对手的力量，何乐而不为呢？”

后来，尼万斯终于如愿以偿，回到了苹果公司，而且比以前工作更卖力。在那之后，鼓励离职的老员工重返公司，成为苹果公司一项极具特色的人事制度。正如现任苹果 CEO 库克说的那样：“简单地以道德的眼光去审视员工的跳槽行为，将跳槽者列入黑名单，对于员工和公司而言都没什么好处。而宽容他们，给他们返岗的机会，也就是给苹果公司机会。”

当然，不计前嫌并非是没有底线的妥协，而是要我们搁置不愉快的经历，以宽广的胸怀去包容往日的恩怨。不睚眦必报，不落井下石，甚至还要学会以德报怨。即使我们的好心不能得到善果，但至少也对得起自己的良心了。

【让坏情绪不再纠缠你】

吴承恩在《西游记》中写过一句话：“遇方便时行方便，得饶人处且饶人。”不计前嫌是成大事者的心态，人世间任何一种旧恶都有重新来过的机会。很多时候，别人也未必是真的错，可能只是彼此之间的价值观存在差异罢了；即便对方真的错了，只要有诚心悔改之意，我们也没有不去饶恕的理由。

放下自负的包袱，才能轻装前行

自信能够激发人的斗志，坚定战胜困难的信念，使人们拥有勇往直前的勇气。但如果超出一定的范围，自信便成为自负。所谓自负，就是指盲目自大，没有自知之明，过分高估自己的实际能力。自负的人往往目中无人，自以为是，甚至有些偏执。他们永远生活在不切实际的幻想中，对自我和现实缺乏足够理性的认知。

怀才不遇，说的是一个人虽然胸怀才学，却生不逢时，没有机会得以施展，不被其他人所赏识。明朝时的唐寅、清朝时的蒲松龄都是怀才不遇的典型。当今社会，越来越多的年轻人虽然没有什么了不起的才情和不俗的实际能力，却总是哀叹“伯乐难求”，总觉得自己也是怀才不遇。

他们的自我感觉之所以如此良好，多半是因为从小娇生惯养，没有经历过什么苦难和坎坷。一旦获得一点成绩就骄傲起来，总觉得自己已经有了“运筹帷幄之中，决胜千里之外”的才能。这样的人必须在生活中碰壁以后，才能真正吸取到惨痛的教训，才能真正体味到生活其实并没有想像的那么简单。

琼斯是一位演员，无论是表演功力上还是外形条件上都具有一定的优势。

在刚入行不久时，一次机缘巧合的机会，他有幸参演了一位好莱坞知名导演的电影，并在其中扮演了比较重要的角色。本来是一次很有意义的人生经历，后来却成了他的负担。

从那以后，一般导演的戏他不接，不是重要角色的戏他不接，收入不理想的戏他也不接。他觉得自己在这个圈子里多少也有些知名度了，也算是个腕儿了，再去一般的电影里跑龙套实在是自贬身价。由于一直没有稳定的收入，所以他的生活也开始窘迫起来。朋友给他介绍了一份教师的工作，可还是被他拒绝了。他说："我的目标是要做影帝的，怎么能把生命浪费在那些毫无意义的事情上呢？"

有一次，由于生活的压力他不得不去扮演一个不起眼的小角色，但是他不认真、不敬业的表现遭到了导演的批评。结果，他一怒之下把道具和服装扔到了导演身上，骂骂咧咧地转身离开了。从那以后，再也没有剧组愿意用他了。

事业和生活的不顺心，让他非常痛苦。他每天躲在出租屋里一个劲儿地抽烟，直到把自己的嗓子抽坏了。

眼高手低是自负之人的通病，他们心高气傲、自视过高，把眼前的一切都不放在眼里，不甘心从平凡的小事做起，总是等待着好的机遇能够从天而降。自负的危害是显而易见的，改掉自负的毛病才能让我们轻装前行。

不要把自负当成自信。自信的人不仅能看到自己的优势，同样对自己的劣势也有比较清晰的认识。他们相信自己的实力可以战胜一切困难，其中也包括自己的缺点和不足。当一个人已经无法从自身找到任何毛病时，就已经超出了自信的范畴，就必须引起注意了。

要乐于接受别人的批评。当我们不能客观地评价自己时，来自于其他人的批评和建议则是最好的助力。当别人批评你时，先不要急着反驳，而是要冷静下来，认真反省。一般而言，被别人指出的问题恰恰是我们自己容易忽略的。一旦意识到了自己的问题所在，也就不再容易产生自负的心理。

要不断学习和提升自己。有人说，一个人读的好书越多，便越觉得自己无知。这个世界上，一定有很多知识是我们所不了解的，一定有很多榜样的是我们自愧不如的，而这些不足和差距，只有通过不断的学习才能了解得到。无知才会无畏，说的就是这个道理。

美国的心理学家做过这样一个有趣的试验。他们首先请来若干职业的喜剧编剧，对 30 个经典笑话进行打分。得分较高的笑话说明寓意比较深刻，而且非常幽默，反之亦然。

然后，他们又邀请了刚入学的大学生对这 30 个笑话进行评分，如果某个人的评定结果和编剧们相对一致，则说明这个人比较幽默，反之就说明他不具备幽默感。

再然后，试验者又要求每一个大学生填一份调查问卷，问卷的主要内容是与其他人相比，自己是否更具有幽默感。

最后的结果非常有趣，那些在评价笑话中得分较低的学生，反而主观上认为自己更幽默。也就是说，不理解幽默含义的人，更容易自负地以为，自己很幽默。

总之，一个人只有克服自负的心理，才能实事求是地对待生活，才能虚心地接受来自于各方面的意见和建议，才不会被偶然到来的一时的成功冲昏头脑。

【让坏情绪不再纠缠你】

保加利亚政治家季米特洛夫说：“自负对任何艺术是一种毁灭。骄傲是可怕的不幸。”不仅对艺术，自负对生活的诸多方面来说都会产生极大的危害。它会让人丧失理智，四处碰壁，也会让人受到冷落和排斥，最终被周围的人所孤立。

第六章
心向阳光，生活的阴霾就一扫而光

人活一世，得到的多，失去的也多。我们心向阳光，生活就会变得安详，世界就会变得宽广。因为，乐观不因生命而存在，而生命却因乐观而精彩。我们有阳光的心态，生活里将不再有阴霾，而处处是美好事物。

上班不是苟且，从你的工作中寻找乐趣

美国的一项调查结果显示，一个人没有钱的时候不快乐，而挣到很多钱以后，反而会更不快乐。这说明，一个人幸福快乐与否，和从事工作以及回报的多少并没直接关系。唯有抱着积极的心态在生活中打拼，唯有从工作过程中去实现自我，才能感到受到更多更持久的快乐。

工作倦怠是一种亚健康的心理状态，是让现代职场人倍感困扰的心理顽疾之一。有的人整天抱怨工作条件差，收入水平低，工作压力大，有一种要窒息的感觉。不平衡的心态让他们每天把跳槽挂在嘴边，总想着换一份更体面的工作。有的人像没有灵魂的机器一样，每天只是机械地去完成一些重复性工作，不用去思考，也不必有什么冲动。在他们看来，工作的意义不过是养家糊口罢了。

诚然，辛勤工作换来的薪水能够维持生计，但这并非是我们工作的全部理由。人不能仅仅为了活着而活着，人生更高层次的追求往往都要通过工作过程得以体现。在工作中，我们能够锻炼自己的各种技能，积累丰富的经验，磨炼意志和品质，收获智慧和成长，并有机会实现自己的梦想，赢得别人的尊重和认可，从而最终实现自我的社会价值。

在美国和加拿大边境的山脉附近，有一群既平凡又伟大的人，他们就是

电缆检修员。

一年四季，无论什么样的天气，他们巡查的工作从来没有间断过。或者顶着高温，或是冒着严寒，他们经常要跋涉几十里山路，检查高压线路的运转情况。

为了避免被高压电塔烫伤或是由于漏电造成意外情况的发生，他们上山巡查时总穿着厚重的防护装备，携带着各种专业检测仪器，以至于几十分钟的路程往往要走上几个小时。每到一个目的地，有的人还没来得及卸下装备就因为脱水而晕倒。所以，除了充足的水分，他们也要随身携带各种营养补剂和药剂。

当有人问到关于这份工作的感受时，他们自豪地说，环境艰苦一些他们并不怕，怕的是输电线路出现故障。只要能保障附近小镇的居民用电正常，就是他们最快乐的事。

不管你正在从事怎样一份工作，时间久了都会失去新鲜感，都会感到倦怠，都会对现状感到不满。但我们必须明白这样的道理，工作的意义在于个人价值的实现，而绝非为了苟且活着。工作能够让我们在与伙伴的共同打拼中体验到合作的乐趣，能够让我们始终跟随社会发展的节奏并总能接触到新鲜有趣的事物，能够让我们的生活充满了动力和激情，让我们始终为了某一个信念而快乐努力地活。

一位检修员，将保障电缆设备传输正常作为自己的目标，所以再艰苦的工作环境他们也会感到快乐；一位教师，希望自己每一个学生都能考出优异的成绩，所以备课到凌晨也不会觉得辛苦；一位医生，不想让任何一个生命在他手边流逝，所以再辛苦的付出也会认为值得；一位普通的公司职员，想通过自己的努力为公司取得好的业绩，然后用年终奖金带家人出国度假，所以即使面对枯燥乏味的工作也会让自己充满了动力。

这就是工作的意义和价值，也是最大的乐趣所在。

小田浩二今年已经65岁了。他是一位旅游大巴车司机，至今仍然在一家旅行社上班。在有接待任务时，他早上总会准时地出现在酒店的停车场，然后平稳安全地将旅客送到目的地。一整天的任务完成以后，不管多晚的时间，他都会按照规定把大巴车开回公司指定的停车场，然后再带着一身疲倦独自回家去。

除运送乘客以外，每到一个目的地，他还会非常专业和礼貌地为旅客装卸行李。有一次，天空突降大雨，所有旅客都跑进了酒店，只有他一个人淋着雨把所有行李运到了避雨的地方。

很多到日本旅游的中国游客都非常不解，在中国像他这样的年纪早已经在家享受天伦之乐，而他却还在如此拼命工作。他总是很礼貌地解释说：“我现在身体还很好，还能够靠工作养活自己，不想给其他人增加负担。更重要的是到了这个年纪还能发挥一些作用，其实是一件充满乐趣的事。”

再平凡的工作，也会有着它别致的美丽。工作的意义就在于个人价值的实现，而一个人一旦有了自己的价值追求，那么生活中便处处充满了乐趣。

【让坏情绪不再纠缠你】

英国作家约瑟夫说：“我不喜欢工作——没有人喜欢工作。但是，我喜欢在所从事的工作中得找到发现自己的机会。”一个人的价值是不可能在游手好闲中得到体现的，通过工作创造的价值即使再微不足道，也是这个世界所不可获取的一部分，也理应得到所有人的认可和尊重。

享受独处的时光，寂寞没那么可怕

著名作家周国平曾经写下过这样一段文字：“怎么判断一个人究竟有没有他的‘自我’呢？有一个可靠的检验方法，就是看他能不能独处。当你自己一个人待着时，你是感到百无聊赖，难以忍受呢，还是感到一种宁静、充实和满足？”独处是一种能力，它能够帮助我们扫除内心的阴霾和浮躁，让我们有充分的时间和空间去反思自己生活的意义和生命的价值。

环顾四周，我们会发现，生活中大部分人都害怕独处。一旦周围的环境安静下来，一旦只剩下自己一个人，他们就会感到莫名恐慌和不安。他们宁愿让自己的生命在毫无意义的寒暄调侃中，在醉生梦死的夜夜笙歌中度过，也不肯留出一点时间让自己独处。

不敢独处的人，他的灵魂注定是空虚和脆弱的。简单来说，如果没有别人陪着一起 HAPPY、一起热闹，他们就会感到迷茫，就不知道自己该做些什么，该为什么而活。这样的人没有独立的自我，没有独立思考的能力，更没有什么特别的追求。看似热闹的生活表面，掩盖着内心无尽的虚无。

叔本华认为，一个人只有在独处时才能成为自己。他在《关于独处》中曾经这样写道：

“获取幸福的错误方法莫过于追求花天酒地的生活，原因就在于我们企图把悲惨的人生变成接连不断的快感、欢乐和享受。这样，幻灭感就会接踵而至；与这种生活必然伴随而至的还有人与人的相互撒谎和哄骗。”

“首先，生活在社交人群当中必然要求人们相互迁就和忍让；因此，人们聚会的场面越大，就越容易变得枯燥乏味。只有当一个人独处时，他才可以完全成为自己。谁要是不热爱独处，那他也就是不热爱自由，因为只有当一个人独处时，他才是自由的。”

“一个人的自身拥有越多，那么，别人能够给予他的也就越少。正是这一自身充足的感觉使具有内在丰富价值的人不愿为了与他人的交往而做出必需的、显而易见的牺牲；他们更不可能会主动寻求这些交往而否定自我。相比之下，由于欠缺自身内在，平庸的人喜好与人交往，喜欢迁就别人。这是因为他们忍受别人要比忍受他们自己来得更加容易。”

“人在江湖，身不由己。”我们生活在纷乱复杂的世界里，只有通过伪装，才能适应于周围环境下的生存法则。而一个人伪装久了，就会慢慢失去自我，把迁就于别人、屈从于世俗当成生命的全部内容。这个时候我们就需要把自己封闭在一个静谧的空间里，卸下面具和自己的灵魂展开一次深入的交谈：回首往昔的点滴，审视当下的生活，激发对未来的灵感。

独处能够找回迷失已久的自我，能帮我们守住内心的宁静，让我们用真挚的心去感受生活的真谛，让我们在癫狂聒噪的环境里始终保持着一份清醒和理智。这是一个人走向成熟的必经之路，也是一个人内心强大的标志。

美国作家梭罗可谓是一个真正意义上的“独处”的人。他不屑于办公室里稳定的工作，一生没有结婚，没有去过教堂，没有参与过选举，拒绝向政府纳税。

他曾独自一人在瓦尔登湖畔生活了两年。他自己建造木屋，自己捕鱼，自己狩猎，自己种粮。他不与任何人发生关系，只与自然交朋友，与湖水、森林和飞鸟对话，观察各种动物和植物，自己在船上吹笛子。每到晚上，他就非常享受地坐在简陋的小木屋里静静地阅读、思考和写作。

这样的生活不仅不会让他感到孤独，反而被他视为上天对他最大的恩赐。他说：“我喜欢独处，我从未遇到比孤独更好的伴侣。”

后来，他把这段经历写成不朽名著《瓦尔登湖》。时至今日，著作中所描写的种种，依旧是所有人内心最为向往和渴望的生活。

虽然我们没有机会像梭罗一样过上世外桃源的生活，但却可以在喧闹之余给自己多一点独处的时间。让我们拭去心灵的尘埃，更加关注内心的收获和成长，让思想在独处的时光中自由地翱翔。

每一个人都应该有独立的人格和纯净高远的精神世界。如果不想迷失在滚滚红尘之中，不想沉醉在灯红酒绿之下，就应该学着去享受独处的时光。

【让坏情绪不再纠缠你】

民国时期著名的才女，中国著名建筑师、诗人林徽因说：“真正的淡定不是避开车马喧嚣，而是在心中修篱种菊。”我们不要把短暂的生命全部浪费在毫无意义的喧嚣之中，一本书、一杯茶、一次独自的旅行、一场自对自的灵魂对话，才能让我们体验到生命的真实存在。

多给自己一些积极心理暗示

一个法国青年因为出身贫寒、身材矮小，非常自卑。后来，一个朋友告诉他：广播中说拿破仑的一个孙子在很小时就走丢了，而从播音员的描述来看，这位青年应该就是拿破仑走失的孙子。这个消息令青年精神大振，他联想到自己的“爷爷”同样身材矮小，却能指挥千军万马，打赢无数战役，自己为什么不能呢？从此他变得越发自信起来，后来还成为一家公司的总裁。

虽然拿破仑是否真的丢过一个孙子，我们无从考证，但心理暗示对人的行为的确能够产生巨大影响。所谓心理暗示，就是指环境或自我会以间接、含蓄、自然的方式发出信息，个体往往在无意识下接收到这些信息，从而做出相应反应和行为的心理现象。

心理暗示现象在生活中随处可以见到：我们虽然不会特别关注那些电视广告，但却更倾向于购买那些上镜频率高的商品；当我们走进一个凌乱不堪的房间时，虽然还没见到房间的主人，但内心已经决定不会喜欢他了；当在长跑中感到精疲力竭时，如果能告诉自己“再坚持一下”“我一定能行”，我们往往就能突破体力的极限坚持到终点。

积极的心理暗示能够在不经意间让我们收获很多意外惊喜，而消极的心理暗示却能让我们在毫无防备情况下遭受许多无妄之灾。比如，一个人如果坚信自己会走霉运，那么倒霉的事迟早会在他身上发生。

讲到心理暗示对现实生活影响时，有一个非常著名的案例：

美国有一位电路维修工，他的工作就是在高压线上检修线路。他每天都生活在焦虑中，虽然做好了各种防护措施，却仍然担心自己有一天会触电身亡。果然，有一次他无意中接触到一根裸露在外的高压线，瞬间倒地死亡了。

后来，通过调查，人们发现了一个惊人的结果：这位工人“触电”身亡的当天，由于故障原因，高压线并没电流通过。这位不幸的工人并非是被电死的，而是被自己吓死的。

这位工人之所以会被自己吓死，就是因为他每天都在给自己进行消极的心理暗示。如果幻想中的悲剧每天在头脑中上演，那么生活中的真实剧情就会按照悲剧的情节发展到最后。

生活永远是喜忧参半的。有人把生活比喻成半杯清水，如果你认为只能拥有半杯水是一件可惜和遗憾的事，那么你的生活注定会充满不幸；如果你为自己还能拥有半杯水而感到庆幸和满足，那么你的生活就会充满感恩和快乐。所以，面对同样的生活境遇，如果能够得到更多积极的心理暗示，那么结果就会有所不同。

物理学家钱致榕上中学时，有很多同学都非常调皮，不仅学习上不求上进，还经常做出一些出格的事。当时，钱致榕也不例外。

后来，校长想出一个办法。他抽选出包括钱致榕在内的60位学生，组成学校“荣誉班”，然后告诉他们，能够进入这个班级的学生都是经过层层挑选的，只有特别聪明，未来能成就大业的学生才有资格被选中。

从那以后，这个班的学生一改以前的状态，都变得严于律己，发愤图强——他们对未来都充满了信心。

果不其然，这个班绝大多数学生在长大成人以后都取得了巨大成就。

有一次，钱致榕回到母校看望校长并感谢他儿时的知遇之恩时，没想到校长却告诉他，那个所谓的“荣誉班”其实是不存在的，那个班的学生都是他随机挑选的。

进入“荣誉班”的选材标准就是一种积极的心理暗示。它让学生们相信，自己有着超过常人的天资，未来一定能成为一个不平凡的人。这样的心理暗示不仅提高了学生们对自我的期望，也让他们变得更加积极和自信。

积极的心理暗示能够激发人的潜能，改变一个人的行为、心态、性格，甚至还有命运。在日常生活中，我们要多给自己一些积极的心理暗示——自己对自己说，“我能行”，“我会成为一个出色的人”。

【让坏情绪不再纠缠你】

美国著名心理学家马尔兹说：“我们的神经系统是很‘蠢’的，你用肉眼看到一件喜悦的事，它会做出喜悦的反应；看到忧愁的事，它会做出忧愁的反应。”如果经常告诉自己，我们的生活是美好的，那么生活就真的会变成想像中那般美好；如果你总是认为自己很糟糕，那么快乐和幸福也就注定与你无缘了。

面对批评，有则改之无则加勉

西方有一句谚语：“恭维是盖着鲜花的深渊，批评是防止你摔倒的拐杖。”每个人都爱听赞美的话，却往往对别人的批评心怀不满。俗话说，无风不起浪。别人既然会对你提出批评，必然有一定的原因，或是因为我们自身被忽略的缺点和不足，或是我们在处理事务时出现疏漏。总而言之，当面对别人的批评指责时，先不要着急反驳，多从自己身上找找原因。

一个人在生活中蹉跎，就难免会犯错。有了过失，能够虚心接受批评，然后积极地去改正，也是一种成熟智慧的表现。但是，在现实生活中，人们往往是“表扬再多还嫌少，批评一句就受不了”。好话永远听不够，别人胆敢说一句不是，就马上发脾气、闹委屈，甚至还要和别人吵得不可开交。

犯了错却不能接受别人的批评，多半是因为虚伪的自尊和自以为是的狂安。阿谀奉承只是迷惑我们的糖衣炮弹，只有那些善意的批评，才能让我们变得更加完美。

苏联作家富尔曼诺夫在还没有出名时，写了两部长篇小说——《夏伯阳》和《叛乱》。两本书出版后，他得到社会各界的广泛赞誉。他的名气和地位一路攀升。在众多赞许中，唯一少了高尔基的表扬。于是，他主动给高尔基写信，想听听他的意见。

让他失望的是，高尔基的回信中不仅没有任何赞美和鼓励，字里行间满满都是对他的批评。

“我认为你的书写得太过匆忙，一些情节设置很草率。你只是作为一个旁观者在陈述，而不是作为作家在描写。”

“语言文字不够简练，废话太多，有些冗长的解释是安全没有必要的。”

“语言啰唆，缘于你不相信自己，也不相信读者的理智。”

高尔基的批评犹如醍醐灌顶，使得富尔曼诺夫不仅没有半点怒气，反而快活得都喘不过气来。他把高尔基的批评看作是有力的拳头，每一拳都足以让他猛醒。在那以后，他根据高尔基的批评，花费了很大心血对自己的作品进行修改，再版后的两部小说更受读者欢迎。

敌人是不会批评你的，只有那些对你寄予厚望的人才会对你提出善意的批评。他们不愿意看到你的盲目自大，不愿意让你在错误中一直深陷下去。批评和建议能够将我们的人生引向正确的轨道，能够让我们在盲目自恋中猛然惊醒，认清现实，改正错误，从而能够在未来的人生中收获更大成长和进步。

批评是一种关爱和鼓励，是一种鞭策和督促，是另一种形式的赞扬和褒奖。就连历史上最伟大的思想家爱因斯坦都承认自己的结论中有百分之九十九是错的，更何况是我们普通人呢。所以，当面对别人的批评时，不妨虚心一点，不要让一个改正自我、收获成长的大好机会在我们面前错过。

英国最著名的剧作家萧伯纳在晚年时创作了剧本《圣女贞德》，该作品至今仍被视为是不朽的经典名著。当时，他把剧本寄给好莱坞的年轻影星鲍曼，并希望她能出演剧中的女主角。

后来，《圣女贞德》在美国成功上演，只是剧本并非是萧伯纳的原版，这让他感到非常惊讶。于是，他邀请鲍曼与他见了面，并询问不使用他原作的原因。

鲍曼虽然只是一个年轻的女孩，但在面对声名显赫的萧伯纳时却没有显露出半点羞涩和含蓄。她直接指出萧伯纳剧本中的问题。她认为，萧伯纳把剧中的女主角描写得过于聪明，这根本不符合实际。剧中很多语言都是萧伯纳自己想像出来的，根本不可能是剧中人物能够说出的话。

面对批评，萧伯纳不仅没有生气，反而哈哈大笑起来，因为从来没有其他人敢在他面前说出如此严厉的话，这让 90 岁高龄的萧伯纳很受触动。于是，他与鲍曼一直交谈到深夜，离别时还依依不舍，并再三邀请她来家里做客。

接受批评的过程，实际上就是人们世界观、人生观和价值观改造的过程，就是我们的工作方法、艺术造诣、为人准则等不断更新和完善的过程。所以，我们没有任何理由拒绝来自于别人的批评，接受它就是成全我们自己。

【让坏情绪不再纠缠你】

美国著名政治家富兰克林说："批评者是我们的益友，因为他点出我们的缺点。”听取别人的赞扬，自然是一件愉快的事，而接受批评却往往让人感到痛苦。用自己的勇气和包容之心，试着去接纳和享受这个痛苦的过程，便能够帮助我们改正缺点，提升自己，收获进步。

与身边的人分享生活是一种乐趣

有人说，赠人玫瑰手有余香。生活中的美好如果能分享给别人，自己也能收获到更多快乐；生活中的痛苦如果可以与人分担，那么痛苦也会减少一半。分享是一种美德，是人与人之间互助互爱、惺惺相惜、休戚与共的和谐关系。如果每个人都愿意与别人分享快乐，替别人承担痛苦，我们的生活该是多么美好的景象啊！

分享是一种智慧、一种豁达，更是一种心容天下的境界。分享不在于多少，哪怕只是一个幽默的笑话，一篇励志的文章，一首动听的乐曲，又或是一段永生难忘的经历，只要是我们所拥有的，都可以拿出来与他人共赏。

独乐乐不如众乐乐。不愿意分享的人，只能在只身独影中孤芳自赏，只能在形影相吊中苦苦支撑。没有分享的美好，有谁能为你喝彩？没有分担的痛苦，又有谁能聆听你的倾诉？

布鲁斯是一位美国博士，长期在中国工作生活。文化上的差异，加上他性格非常孤僻，无论开心的，还是不开心的，他都不习惯与其他人分享。

在公司，除了工作上的交往，他和其他同事都没有什么私交，公司举办的聚会，他也从来不参加。有些时候，为了增加员工的福利，公司给员工们发一些免费影票、游乐场套票或是购物券。他由于不太适应嘈杂环境，平时很少出门，宁愿让那些代金券过期作废，也不愿意赠送给他人。

有一次，他母亲来中国探望他，在途中突发心脏病。由于身边没有其他的亲人可以照顾，他给母亲请了一位护工。尽管如此，他每天晚上仍然要到医院里去守夜，白天还要强打起精神到公司去上班。如此坚持了一个多月，他体力不支，也病倒了。

公司领导闻讯赶来，一个劲地埋怨他："家里出了这种事为什么不早说，公司给你放几天假，好好休息一下，至于把自己累垮吗？"

同事们也都纷纷过来探望他，还不住地叮嘱他："凡事不要总是自己扛。家里出了事就和大家说一声，谁不能伸手帮一把啊？何必要把自己搞成这样啊？"

听了大家的话，病床上的他感到一种从未有过的温暖。他深刻地感到，生活之所以过得如此不堪，其实都是他自己做错了。

如果能把那些代金券赠送给其他需要的人，不仅自己能继续过着安静的生活，也能给别人增加很多快乐，这种对自己毫无损失而又能获得双赢的结果，为什么不可以呢？

如果能把母亲生病的事早一些告诉他人，或许就能得到其他人的各种帮助，哪怕不能替他到医院照顾病人，至少也能在精神上为他分忧，这样的事何乐而不为呢？

生活在复杂万千的世界里，我们都不可能成为世界中心，也不可能作为绝对孤单的个体而存在，我们和其他人总是要发生着各种各样的联系，只有这样才能好好地生活下去。即使再狭隘和霸道，你也不可能独占所有丰美的果实；即使你浑身是铁，也注定打不了几根钉。

我们要学会与他人分享，与他人共处。分享自己的快乐与忧愁，分享自己的成功与失败。分享是一副美好和谐的画卷，是一次同甘共苦的欢腾。

现任联合国秘书长潘基文在面对年轻人讲话时，不止一次讲到过“桃子”的故事：

在他很小时，有一次，父亲问他以及两位哥哥一个问题：如果有两筐容易腐烂的桃子，该怎么吃才能使容易腐烂的桃子不浪费掉一个呢？

哥哥回答道：“先吃熟透的桃子，熟透的桃子最容易腐烂。”

父亲摇摇头，说：“熟透的桃子吃完以后，其他桃子也要开始腐烂了。”

另一个哥哥说：“那就先吃刚熟的桃子，刚熟的桃子最好吃。”

父亲又摇摇头，说：“如果那样的话，熟透的桃子就都得扔掉了。”

潘基文自信地说：“我会把这些桃子分给邻居一起吃，这样桃子就不会被浪费掉了。”父亲十分满意地点点头。

他后来之所以能够担任联合国秘书长，为全世界共荣与和平的事业做出巨大贡献，与他乐于分享的精神是分不开的。

据说，有几个中国青年受到这个故事的启示，还创立了一个线上分享平台，鼓励人们把自己多余的东西拿出来和其他人分享。

分享意味着人与人之间不再有界限，心与心之间不再有隔阂。彼此坦诚以待，真挚地交流。学会分享，让快乐无限地传递，让生活中美好的种子更多地播撒、更多地收获。

【让坏情绪不再纠缠你】

美国海洋生物学家蕾切尔·卡森说：“好咖啡要和朋友一起品尝，好机会也要和朋友一起分享；我们必须与其他生命共同分享我们的地球。”分享就意味着收获，分担也意味着索取。分享就是人人为我，我为人人的品格，是“宽可容人，厚可载物”的胸怀，是彼此一同走向幸福与繁荣的相依相伴、相知相守。

敞开心扉，妥善处理人际关系

对现代人来说，社交非常重要。随着生活节奏日益加快，现代人忙于工作，忙于应付生活，每天过着两点一线的单调生活。老同学多年不见，同事之间也没有什么深交，更没有什么渠道去认识新朋友。这不仅不利于个人的事业发展，对身心健康来说也会造成负面影响。

国外曾经做过一项调查，根据调查的数据结果显示：良好的人际关系与工作成功率和个人幸福达成率呈现出显著的正相关性；一个人获得成功的因素中，85% 决定于人际关系；在随机调查被解雇的 4000 人中，有 90% 是由于和同事与领导关系紧张；在大学毕业生中，善于处理人际关系的毕业生平均年薪比学习成绩优秀的学生高 15%。

不管在生活还是职场中，良好人际关系对我们非常重要。善于交际，能够让我们拥有很多可以交心的挚友和可以依靠的合作伙伴。

妥善处理人际关系的方式方法有很多，以下介绍比较重要的几种：

第一，以真诚之心待人。如今，社会变得越来越复杂，人人都有着防备他人的戒心。不管到任何时候，一句诚挚的问候，一次坦诚的交流，以及在别人遇到困难时伸出一双援手，都会让人感到无比温暖，也会让你得到别人尊重和爱戴。

华尔道夫饭店的创始人威廉·阿斯特有一次和夫人在外地出差时，不幸遇到了暴风雨。于是，他们就随便找一间旅馆，打算住一个晚上。但遗憾的是，所有房间都已经订满。

接待他们的服务生非常礼貌地解释了原因，但又不忍心让二位老人再冒着风雨去寻找其他旅馆，就让出自己休息的房间让他们住了下来。

第二天，阿斯特结账时，服务生却说："昨天您住的房间并不是旅馆的客房，所以我们不会收您的钱，希望您与夫人昨晚睡得安稳。"

服务生的举动让阿斯特非常感动。他觉得眼前的年轻人就是他梦寐以求的员工，并决定回纽约后为他盖一栋旅馆。

几年以后，一栋华丽的旅馆果然建成了。那位服务生简直不敢相信眼前的一幕，结结巴巴地问："老先生，你是不是有什么条件？你为什么会选择我？"

阿斯特自信满满地说："我没有任何条件，我说过，你正是我梦寐以求的员工。"这家旅馆就是著名的阿尔道夫饭店，那位年轻的服务生就是酒店第一任总经理乔治·波特。

第二，利用时间多参加有益的活动。很多人下班后拖着疲惫的身躯回到家中，不是无聊地玩着手机，就是对生活的各种抱怨。与其这样，不如去参加一些有益的活动，比如书法班、读书会等，这不仅能陶冶自己的情操，也能在和其他人的交流中扩大交际圈，维持良好的人际关系。

第三，克制自己的情绪，保持积极的心态。一个爱发脾气的人，往往太过以自我为中心，会让人感到头疼。相反，一个积极乐观的人往往更具有个人魅力，会有更多人愿意与你相处，愿意与你成为朋友。

第四，在人际交往中要表现得更为主动。想获得良好的人际关系，首先要放低自己的姿态，主动去联系他人，积极地去和他人交往。很多人碍于面子，别人不联系我，我也不会去联系别人。久而久之，人际关系就会变得疏远。表现得主动一点，别人就会被你的诚意所打动。

第五，将心比心，理解和尊重他人。在人际交往中，想要别人怎样对你，你就要怎样去对待别人。所以，如果你想获得别人的爱戴，首先就要理解和尊重他人。这种尊重不仅仅是简单地问候与寒暄，而是设身处地地为他人着想。

美国著名政治家富兰克林有一次和助手出去办事时，看到一位打扮得非常靓丽的妙龄女郎不慎摔倒在地上。富兰克林一眼就认出了她。她是一位自尊心很强的职员，非常在意自己的形象，每天都要打扮得光彩照人。

助手见状，想要过去帮忙，却被富兰克林一把拉住，然后两个人躲到不容易被发现的拐角处。富兰克林向助手解释说：不是不帮她，而是还不到时候。

不一会儿，那位女职员自己站了起来，环顾四周发现没人，才安下心来，掸去身上的尘土，若无其事地走开了。在那之后，助手仍然对富兰克林的“袖手旁观”感到不解。于富兰克林解释说，去搀扶她当然是出于好意，可这样一位女士一定不愿意被别人看到自己跌倒时狼狈不堪的样子。

由此可见，在人际交往中，即使出于好意也不要太过一厢情愿，必须要设身处地为对方着想。

每一个人都是社会的一分子，我们需要与人的交往和彼此的陪伴。良好的人际关系能够促进我们事业上的成功，也能改变我们自己的生活。所以，如果你还在为人际关系的问题而感到苦恼，那么是时候补上这一课了。

【让坏情绪不再纠缠你】

励志大师卡耐基说：“如果我们想法交朋友，就要先为别人做些事——那些需要花时间、体力、体贴、奉献才能做到的事。”想要获得良好的人际关系，简单来说就是要让自己多主动一点，多为对方着想。当别人感到了你的真诚和善意，对方也一定会用同样的方式对待你。

多和充满正能量的人在一起

正能量是一种充满阳光的心境，它能带给人无穷的力量。和充满正能量的人相处，总能让我们有着愉快的心情和向往明天的冲动；即使正在经历着不幸的事，也会在他们感召下，把那些烦恼和忧愁统统抛在脑后。

俗话说，近朱者赤，近墨者黑。据一项调查显示，在青少年犯罪的案例中，有90%以上都与父母身上的各种恶习有关。这就说明，如果一个人长期生活在糟糕环境里，接触更多的都是充满负能量的人，那么他就会潜移默化地受到影响，心态就会变得阴暗和扭曲，甚至会产生一些伤害他人的行径。

美国著名作家大卫·波莱曾经讲过这样一个故事：

有一次，他乘坐一辆出租车。当车子行驶到拐弯处时，一辆轿车突然冲出来，横在出租车的正前方。幸亏出租车司机手疾眼快，迅速踩下刹车，才避免一场事故的发生。

可是，轿车司机不仅没有道歉，竟然还对波莱和出租车司机破口大骂，甚至竖起中指向他们示威。令波莱感到惊讶的是，出租车司机并没有发怒，而是微微一笑，向着那个家伙挥了挥手。面对一个无礼的疯子，何至于如此善意的回应，这让波莱百思不得其解。

出租车司机回答说："许多人就像垃圾车，他们装满了垃圾四处奔走。充满懊恼、愤怒、失望的情绪，随着垃圾越堆越高，他们就需要找地儿倾倒，释放出来。如果你给他们机会，他们就会把垃圾一股脑儿倾倒在你身上。所以，有人想要这么做的时候，千万不要收下，只要微笑，挥挥手，祝他们好运。然后，继续走你的路，相信我。这样做你会更快乐！”

这个故事告诉我们，我们一定要和那些满载负能量的人保持距离。因为与他们交往，会让我们感到危险、紧张、甚至是悲观和绝望。在日常生活中，有些人只要一开口，就一定是对别人的谩骂，对生活的抱怨，对未来的绝望。他们牢骚满腹，心中积满了各种怨念，如果和这种人相处久了，我们自己的生活也会变得灰暗。

人应该就像“飞蛾趋光”，总是要向往光明和希望，总要收集尽可能多的幸福和快乐。所以，我们要珍惜一切机会，靠近那些充满正能量的人。他们身上的健康、积极和乐观，会像磁力一样吸引着我们、感染着我们，那原本荆棘密布的生活也会变得新奇和有趣。

有人说，你是谁并不重要，重要的是你和谁在一起。和什么样的人在一起，就决定着我们会有怎样的人生。和睿智的人在一切，我们就不会迂腐；和谦虚的人在一起，我们就不会骄纵；和勤奋的人在一起，我们就不会懒惰；和乐观的人在一起，我们就不会消沉。

库克是美国一家海岸餐厅的厨师。他唯一的特长就是讲故事，每次大家忙完以后，都喜欢听他讲一个有趣的故事作为消遣。

有一次，因为台风引起海啸，餐厅的一切被毁于一旦。面对眼前的断壁残垣，很多人感到绝望，因为对很多人来说，餐厅工作就是他们维持生计的唯一手段。此时，库克并没有被灾难吓倒。他邀请所有人到家中做客，还亲自策划组织了一场 Party。

欢乐的气氛让大家悲观的情绪得到了缓解。

于是，库克又讲起了自己的故事："我儿时的梦想是想成为一名建筑师，在我很小的时候我用废弃的木料，足足花了 3 个月时间，搭建了一座'摩天大厦'。可就是这样一件杰作，却被柜橱中一个跌落的皮球毁掉了。起初我也感到了绝望，一边哭着一边收拾摆弄满地的木料。令我惊讶的是，不到两个月的时间，另一座'摩天大厦'又被我不经意间搭建起来了。在那之后我终于明白了，只要希望还在，我们就有重新来过的机会。"

一些人虽然觉得库克的话很有道理，但仍然没有什么信心："现在毁掉的可是我们的餐厅，想要重新来过可比搭建一座模型难得多。"

库克微笑着说："餐厅没了，但是，我们的干劲儿还在，厨艺还在，我们就有理由重新振作起来。我们就在被海水毁掉的废墟旁重新建一所餐厅，让那些来餐厅用餐的顾客不仅能享受到美食，还能提醒他们不要忘却这场灾难，还能让他们看到我们重新开始的决心和勇气。"

库克的一席话让在场每一个人都兴奋不已。他们纷纷扔掉酒杯，决心大干一场。果不其然，餐厅重新开张以后，生意比以前更加红火了。

那些充满正能量的人就是我们需要效仿的榜样和需要珍视的良师益友。他们能够给我们带来信念和力量，但是千万别忘了，我们也要把自己对生命的感恩和对生活的热爱传递给更多人。

【让坏情绪不再纠缠你】

刘向的《后汉书》中有这样一段话："与善人居，如入兰芷之室，久而不闻其香，则与之化矣。与恶人居，如入鲍鱼之肆，久而不闻其臭，亦与之化矣。"我们要多和那些充满正能量的人相处，多和那些人格高尚、心态乐观、事业成功的人在一起。因为，他们就是最好的榜样。在他们感召下，总有一天我们也会成为那样的人。

当机立断，别让机会从你身边溜走

人活在世，几乎每一天都在做着各种选择和决定。特别是当好的机遇来临时，我们一定要学会果断出手，不要让机会在犹豫不决中旁落。果断是一个人取得事业成功的关键素质，因为很多机会总是稍纵即逝。我们要做敢于冒险的勇士，而不是停滞不前的懦夫。

果断是一种迅速决策的能力，是一种当机立断、干练担当的底气，更是一种“该出手时就出手”的气魄和敢为天下先的自信。

站在人生十字路口上，我们总要去选择一个方向。周密计划、瞻前顾后，固然能降低出错的概率，但往往也会让我们付出错失良机的巨大代价。与其眼睁睁地看着机遇旁落，不如果断做出决定。因为关乎人生方向的抉择，从来都不是一道或对或错的选择题，任何一个决定都不可能达到尽善尽美境界。未来永远都充满未知和不确定，我们所能做的，就是当机会出现时，第一时间紧紧抓住它。

世界第一位现代成功学大师拿破仑·希尔。在他 25 岁那年，作为一名记者他有机会采访钢铁大王卡耐基。起初，采访过程进行得很顺利，可令人意外的是，卡耐基突然提出了一个问题：“你是否愿意接受一份没有报酬的工作，用 20 年时间来研究世界上的成功人士？”

没有报酬的工作谁也不会愿意接受，而有机会接触到全世界最成功的人士，又是希尔一直以来的梦想。二者相权，让他一时有些为难。可是，他突然意识到，这一定是一项具有挑战性的工作，一个人的人生不应该平淡中度过。于是，他没有多做考虑，坚定果敢地回答："我愿意！"

对于如此迅速的回答，卡耐基有些意外："你真的考虑好了吗？"

"是的，我愿意！"希尔更加坚定地说。

卡耐基露出满意的笑容，指着手表，说："年轻人，如果你回答的时间超过60秒，你将无法得到这次机会。我已经考察近百位年轻人，没有一个人能够如此迅速地给出答案，这说明他们过于优柔寡断。所以，我认可你。"

在那以后，通过卡耐基引荐，他有幸采访到像爱迪生这样的世界知名人士。在短短几年时间，他结识了社会各界卓有成效的社会名流近500余人。他把这些人的成功经验写成一本著作——《成功规律》。此书一经问世就遭到了疯抢。

通过20年努力，希尔不仅成为美国享有盛誉的学者、演讲家、教育家和拥有万贯家财的畅销书作家，还成为美国两届总统——威尔逊和罗斯福的顾问。

在回忆自己成功的经历时，希尔说："果断是成功的救命草。没有那天我坚定的应答，就没有今天的成就。"在通往成功道路上，我们每个人都能得到相等机会，而差别就在于我们是否能够把握住这些机会。

一个人总是前怕狼后怕虎，总是徘徊不定，只会让自己陷入尴尬两难的境地。有些事迟迟无法决定，时间拖得越久，就会在各种矛盾纠结中越发感到痛苦，直到丧失了大好良机。古往今来凡成大事者，都有一个共同的特点：处事果决，当机立断。足球教练在比赛中能够果断换人就能扭转败局；军事家在战斗中能够果断出击就能够把握战机；企业家在商场中能够果断决策就能够无往不利。

美国默卡尔集团董事长菲利博·默卡尔曾经讲过这样一个故事：

1975 年 3 月，墨西哥发生了猪瘟并且波及牛羊等家畜。听到了这则消息，当时还是一家小型肉食加工公司老板的默卡尔突然意识到，这是一个千载难逢的商机。因为如果墨西哥暴发猪瘟，靠近墨西哥的加利福尼亚州和德克萨斯州也一定不能幸免。这两个州是美国肉食的主要供应地。到时候，肉食供应肯定会紧张，肉价会一路飙升。

在其他人还在犹豫不决、麻木不仁时，默卡尔果断做出决定：集中公司全部资金，动用公司全部人力，在猪瘟到达以前到加利福尼亚州和德克萨斯州购买大量猪肉和牛羊肉。不到一个月时间，默卡尔的公司就准备了足够多的肉类食品。

果不其然，墨西哥的猪瘟蔓延到了美国。为了防止事态的恶化，政府下令：禁止加利福尼亚州和德克萨斯州的肉类食品外运。这导致美国国内肉类食品短缺，价格暴涨。仅用了 8 个月时间，默卡尔的一个果断决策就净赚了 1500 万美元，为他以后的事业奠定了雄厚基础。

有人说，人生每天都是一个崭新的开始，我们能左右的就是出发还是等待。生活中的机遇比比皆是，但机遇就像天空的闪电，稍纵即逝。因此，要抓住机会，果断决策，心动之后立即行动。

【让坏情绪不再纠缠你】

英国小说家艾略特说：“世上没有一个伟大的业绩是由事事都求稳操胜券的犹豫不决者创造的。”果断的人为了获取成功往往敢于挑战风险，即使做出了错误的选择也能够迅速地得以纠正。所以，不要因为害怕失败而瞻前顾后，伟大的成就往往始于果断地行动。

换一个视角，苦难也是一笔财富

生活中的苦难总是多于幸福。人一生就是不断地与苦难抗争过程，而人生的意义就在于从这个过程中去寻找快乐和价值。只有那些与苦难正面交锋过的人才知道苦难也是一种财富。苦难是奔向成功的催化剂，是饱藏人生智慧的启示录，没有经历过苦难，就没资格享受精彩的人生。

一个人在顺境中努力拼搏并不难，难的是在前进的道路上，不被任何困难和坎坷所吓倒，不向任何苦难所屈服，依然沿着既定的方向奋然前行。有人说，人不是战胜痛苦的强者，就是屈服于痛苦的弱者。没有品味过痛苦的人生，脆弱不堪；没有经历过苦难的人生，不堪一击。在苦难中浴火重生，在绝望中凤凰涅槃，我们的人生才能得到成长，心灵得以蜕变。

“真的猛士敢于直面惨淡的人生，敢于正视淋漓的鲜血。”一粒种子只有经历过无数风雨考验，才能成长为参天大树。如果一个人把苦难看成是上天不公平的礼遇，总是怨天尤人，自暴自弃，那么他注定永远是生活的弱者。

在美国有这样一个发人深省的故事：

有一对双胞胎，母亲因病很早就去世，而父亲又因为嗜赌成性，触犯了法律，被送进了监狱。一对兄弟在很小便成为孤儿。他们相依为命，只能靠捡废品卖来维持生计。

面对家庭的不幸，兄弟俩的态度却迥然不同：哥哥每天出去鬼混，渐渐地染上了许多恶习，成为当地不良少年的头目；弟弟把捡废品卖的钱存了下来，并进入大学。在上大学期间，他课余时间还到餐馆打工，晚上要在自习室里学习到很晚，还经常写一些文章，争取在报刊上发表。

十多年过去了，哥哥因为街头斗殴致使他人丧命，而成为阶下囚；弟弟则成为一位作家，在当地一家著名报社工作。

2010年，一位记者分别采访了两个兄弟，问题都是家庭对于他们成长的影响。哥哥说，正是由于家庭不幸才致使他走上了犯罪道路，这都是父母的错。而弟弟却认为，童年时的不幸经历让他更加珍惜来之不易的生活，让他更懂得努力拼搏的意义。他一直尝试着把苦难踩在脚下，让他们成为人生向上的阶梯。所以，他才能拥有今天的成就。

同样的生活境遇，就是因为看待苦难的视角不同，才有了不同的人生轨迹。害怕苦难而选择逃避的人，往往会自甘堕落，自我放纵，任由自己在生活中沉沦，直到灾难有一天真正来临。而那些生活中的强者把苦难看成是人生的宝贵经历，是成功道路上必须翻越的险峰，在与苦难的角力中，拥有了知难而上的勇气和不屈不挠的精神，锻炼了自己坚定不移的意志品质和坚不可摧的强健体魄，对他们而言，苦难就是一笔财富。

正是因为“破茧”的痛苦，“成蝶”后才更显得美丽动人。人生中因为有各种苦难存在，我们的成长就必须在痛苦中努力挣扎，直到变得足够坚强和强壮，直到羽翼足够丰满，我们才能破茧成蝶，振翅高飞。

在加拿大，有一个男孩儿，相貌丑陋，嘴角畸形，一只耳朵失聪，还有口吃。就连母亲都对他感到绝望，面对命运的折磨，他未来的人生还有什么希望？

可是，这个男孩儿却比一般孩子更坚强。他忍受着各种嘲笑和讥讽，把所有业余时间都用来读书和学习。在很小年纪，他便懂得永不放弃的人生真理。

为了矫正口吃，他经常含着石子说话。看着嘴唇和舌头被磨烂的儿子，内心不忍的母亲劝他选择放弃，可他却说："每一只漂亮的蝴蝶，都是自己冲破束缚它的茧之后才变成的，如果别人把茧剪开一道口，由茧变成的蝴蝶是不美丽的，而我要做一只美丽的蝴蝶。"

在不懈努力下，他终于可以流利地讲话了，而他的勤劳和善良也为自己赢得了越来越多尊重。1993 年 10 月，他参加加拿大总理竞选。竞争对手却用他的先天缺陷来诋毁和污蔑他。这样缺乏道德的做法不仅没有成功，反而让越来越多人了解到了他成长的经历，也因此得到更多支持。

"我要带领国家和人民成为一只美丽的蝴蝶。"凭着这样的竞选口号，他高票当选，并成为加拿大历史上第一位连任两届、跨世纪的总理。他就是让·克雷蒂安。

身体的缺陷，丑陋的相貌，一切苦难的经历都是我们无法选择的，我们能选择的却是面对苦难的态度。如果能够以积极的态度和不受命运摆布的信念去面对这些不幸的遭遇，我们就能从苦难中获得重生，未来的人生之路也一定能够走得更远。

所以，从现在开始，我们要微笑着面对生活，哪怕正经历着磨难和坎坷，也不要有任何的抱怨。因为，苦难，是人生必须经历的过程。

【让坏情绪不再纠缠你】

法国大作家巴尔扎克说："苦难是人生的一块垫脚石，对于强者是笔财富，对于弱者却是万丈深渊。"非凡的气度、坚强的毅力、宽阔的胸怀，是一个成功者制胜的法宝。所以，我们要做生活的强者，要学会承受生命中的苦难，承受人生旅途上一切的磨难挫折。

第七章
天行有道，一切顺其自然就好

顺其自然，是让自己平和淡然，不管遇到什么荣誉与成绩，失败与坎坷，都能时刻保持一颗平常心。淡然面对收获，坦然应对挫折，拥有时就好好珍惜，失去时也不要过分留恋。因为，人无常态，水无常形，有悲伤就有喜悦，有分离就有相聚，有失败就有成功，有完美就有缺憾，我们遇事能以顺其自然的心境泰然处之，坏情绪自然无法影响你，更谈不上纠缠你了。

得之淡然，失之坦然

人生在世，犹如身处疾风暴雨之中，想要自己活得幸福安稳，就要把成败得失看得淡然一些。很多人之所以活得累，就是因为在意的太多。在意的太多，烦恼就会多，就会让生活背负上沉重压力，就会让心情变得嘈杂和凌乱。

人生本是一场漂泊的旅程，很多东西本就不必太过在意。我们遇到的很多人，都只是一些匆匆过客；途经的很多地方，都只是短暂休整的驿站；遭遇的许多打击，都只是暂时过不去的坎儿；收获的许多成就，也不过是漫漫人生路上不起眼的插曲。

人之所以会心累，就是因为在坚持与放弃、回忆与遗忘之间，常常左右徘徊、举棋不定。患得患失是一种心病，只有把生活中的一切看得淡然一些，才能让自己活得轻松惬意。凡事顺其自然，无论身处什么样的境遇都要泰然处之。得意之时淡然，失意之时坦然，在云淡风轻中求得满足，在尽责尽力之后求得心安。

作为历史上唯一一位同时获得诺贝尔物理学奖和化学奖的人，居里夫人所创造的伟大成就是其他人至今难以望其项背的。可对她而言，这些荣誉却是无足轻重的。

有一次，一位朋友到她的家里拜访，看到她的女儿手中玩的“玩具”非常奇怪。仔细一看，把这位朋友吓了一跳，原来这个被小女儿随意摆弄的“玩具”正是前不久英国皇家协会颁发给居里夫人的一枚金质奖章。

朋友很不解地问道：“英国皇家协会颁发的金质奖章，代表着极高的荣誉和地位，怎么能随便拿给孩子当玩具呢？”

居里夫人不以为意地笑了笑，然后说：“我就想让孩子们知道，荣誉就像玩具，只能玩玩而已，绝不能永远守着它，否则就会一事无成。”

面对成就和荣誉，还能保持淡然豁达的心态，这是一种非常难能可贵的品质。那些有了一点成绩就翘尾巴，得到一点赞赏就忘乎所以的人，绝不可能创造出什么了不起的成绩。

真正幸福的人视名利为草芥，他们追求的是精神世界的满足，是努力拼搏后的自我实现。得之淡然，不是碌碌无为，不是不思进取，而是以纯净淡定的态度面对人生，以荣辱不惊的视角欣赏生活，以豁达从容的心境体味生命中的得与失。功名利禄不过是身外之物，得不到不用太过纠结，得到了也没必要忘乎所以，人生中只有个人价值的体现和生活中幸福的体验，才是你最该看重的东西。

汽车巨头亨利·福特在年轻时担任过工程师的职务。有一次，他带队去修筑一条河堤，可突如其来的暴风雨引发了洪水，把他们所有机器设备都淹没了，他们花费了很长时间辛辛苦苦构筑的工程也全被毁了。

天空渐渐转晴了，工人们望着眼前的惨象，一个个垂头丧气打不起精神，有的甚至还甚至落下泪来。

“你们为什么哭丧着脸？”福特问道。

“您自己瞧啊，我们的设备和工程全完了。”工人们痛苦地说。

“我怎么没看见？”福特不以为意地说。

“这不都在您的眼前吗？您怎么会没看到？”

“我只看到蔚蓝的天空，那上面没有泥巴，即使有，泥巴又如何能拒绝阳光的照射呢？不久水就会退去，泥土也会结块，只要进行简单的修整，我们又可以重新开动推土机了，不是吗？”

人生的路上并不总是洒满鲜花和阳光，有时也会有沟沟坎坎、磕磕绊绊。许多意外的打击和失败，是我们无法提前预料的。但只有我们努力过了，就能求得一份付出后的心安理得，即使最后的结果不尽如人意，我们也应该骄傲和快乐地接受生活的判决。

无论是金钱、名利或是地位，我们在面对生活时都要少一些计较，都要从容不迫，泰然自若。得之淡然，失之坦然，是人生品质的升华，也是我们享受生命的真谛。

【让坏情绪不再纠缠你】

印度著名诗人泰戈尔说：“天空不留下鸟的痕迹，但我已飞过。”世间的很多事，不是努力就一定会有结果，只要有一颗淡定从容的心，静看云卷云舒，笑看风云变化，你就会发现，一切所谓的成败得失，其实也不过如此而已。

吃亏是福，舍小利换来大收获

很多人把吃亏看成是祸事，看成是自我麻痹的愚昧。他们处处斤斤计较，为了一点蝇头小利不惜做出损人利己的事。实际上，占小便宜的人往往吃大亏，“捡了芝麻丢了西瓜”。相反，那些信奉“吃亏是福”的人，往往懂得谦让和付出，往往有更高的视角和更长远的眼光。这不仅能给自己的人气加分，也能为自己的人生赢来好的前程。

曾经有这样一篇报道：由于南方地区的连续降雨，导致存储在一所库房的电器配件全部受潮。为了减少自己的损失，为了不让自己吃亏，经销商隐瞒了事实的真相，仍然按照全品和原先的价格向客户出售。结果，一家工厂因为使用这种电器配件而导致电机短路，引发了严重的生产事故。经过调查，这个经销商的公司被查封，他本人也因此受到了行政处罚。

不愿意让自己吃亏的人，在生活中比比皆是。在早高峰的地铁上，为了争抢一个座位，两个人争吵不休，结果因为上班迟到被扣掉了奖金；在人满为患的旅游景区，因为不经意的挤碰，彼此之间大打出手，结果本来美好的假期却变成一段惨痛的回忆；在紧张忙碌的公司职场，因为自己比别人承担了更多的工作，就整天和领导哭诉抱怨，结果辜负了领导的器重，失去了大好的发展机遇。

一个人的得失心太重，对一些蝇头小利都过分计较，只会让人舍本求末，因小失大。不肯吃亏是一种以自我为中心的狭隘心理，这会蒙蔽人的双眼，既看不到前进的方向，也认不清自己真正想要的是什么，最终失去的反而会更多。

很多时候，退一步才能海阔天空，这不仅能让人与人之间的关系变得更加和谐，也能让自己的心情变得轻松自然。吃亏只是暂时的，从更长远来说，那些乐于吃亏的人会得到更多来自于生活的补偿。

鲁瑟夫近年26岁，作为公司重点培养的储备经营，他负责各家分公司的业务联络工作已经有三年的时间了。这项工作枯燥乏味，技术含量也不高，日常需要和分公司沟通的事项也非常零乱复杂。

另外，这个岗位的薪酬待遇在全公司处于较低的水平，很多时候去下面检查工作的路费还要自己掏腰包。因此，很多和他同时进公司的员工早早就调换了岗位，只有他一个人坚持了下来。

很多人觉得他“傻”得离奇，明摆着是一份吃亏的工作，他却干了那么久的时间。而鲁瑟夫觉得，和分公司打交道虽然枯燥，却非常锻炼一个人的综合能力。更何况，不管多吃亏的工作，总得有人干才是，所以别人的嘲笑他从来不放在心上。

后来，由于业务发展，公司要提拔一名主管业务的中层经理，很多人都递交了竞聘申请，可公司总裁却毫不犹豫地选中了鲁瑟夫。因为他从事一线业务工作时间最长，和分公司之间的联系也非常密切，更重要的是，他任劳任怨、不计个人得失的品格，是最为公司所看重与认可的。

生活是公平的，当你从一个地方吃了亏，你就一定能从另外的地方得到补偿。鲁瑟夫把吃亏看成是自我提升的经历，以宽容和善的心态看待眼前的得失。时过境迁，当他得到了领导的赏识和其他同事的尊重，回首过往吃的那点小亏，又算得了什么呢?

吃亏是福。一个有作为的人都是在不断地吃亏中成长起来的，从而变得更加聪慧和睿智。在与人相处时，多一些大度的气量；在面对物质利益时，多一些宽宏的忍让。吃一点亏没关系，多付出一点也不要紧，俗话说“吃一堑长一智”，看似吃亏的事可能恰恰是你个人成长的机遇，恰恰是你展示个人魅力的大好时机。

这些年，翡翠市场很不景气，曾经红火的市场里一派萧条冷落的景象。尼莱在缅甸做翡翠生意已经有二十年的时间了，唯独他的店铺里总是高朋满座，顾客盈门。

尼莱今年五十岁，没有背景，也没有什么文化，也不精通什么高明的经营之道。他多年信奉的就是“有钱大家赚”，哪怕自己吃点亏也要让客户满意。对于老客户，他总能给出最低的折扣。一些国外的客户远道而来，即使没有从他的店里购买商品，他也是总是热情招待，自己掏钱为对方安排好一切。一些客户资金流转出了问题，他就主动提出让对方赊账。和其他商家合作时，他都只拿小头，把大头让给对方。

这样一来，那些在尼莱店里买过翡翠的客户和与他合作过的人，都愿意跟他保持长期的业务往来，都愿意把他当作朋友来相处。他们都说尼莱为人诚实，重情义，做生意也讲诚信，他们还主动给他介绍新的客户和朋友，才使得他的生意越做越大。

吃亏的人最终占了大便宜，这就是“吃亏”的智慧。人生中每吃过的一点亏，实则都是在为最后的“赢”积蓄资本。所以要敢于吃亏，因为吃亏是福！

【让坏情绪不再纠缠你】

中国著名教育家、革命家徐特立说：“世界上没有便宜的事，谁想占便宜谁就会吃亏。”所以，那些总是计较于眼前利益的人，最终都会吃大亏。所以我们不妨先予后取，以退为进，以豁达宽广的心胸看待生活中的得与失，用小的代价来换取未来更大的收获。

人生贵在知足常乐

人如果总是不知足，生活中就会少了很多快乐。如果你已经拥有一份稳定的工作，就不要成天惦记着更多的薪酬；如果你已经拥有一个温馨的爱窝，就不要总奢望有一天能住进别墅。“这山望着那山高”，烦恼就会主动找上门来。知足，不是安于现状，不思进取，而是让人在纷乱复杂的环境里去发现，什么才是你最该珍视的生活。

不同的人对快乐与幸福的理解也会不同。《读者》杂志中曾经转载过这样一个故事：黄昏时分，卖烧饼的夫妻数着一天的收入，比昨天又增加了两块钱，夫妻俩相视一笑，天地格外美好；而也正在这个黄昏，另一个腰缠万贯的富翁仅因为所持股票面值下降了 30 个百分点而饮弹自杀。其实，仅他留下的不动产折合成钱，也够那对卖烧饼夫妻吃上几辈子。一个人幸福与否，不在于他拥有多少财富，或是处于何种地位，而在于他是否对当下的生活感到知足。

人应该知足常乐。对于那些不懂知足的人来说，天下没有一个地方是他们的安身之所，没有一种境遇是让他们感到满足的。他们贪婪地吞噬着一切，却仍然不能喂饱心中的贪念，这样的人很难体会到幸福。相反，那些懂得知足的人便不会被俗欲所困扰，懂得适可而止的人就不会让自己身陷险境。这样的人不会受到名利引诱，自然就能够以乐观心态享受当下的生活。

科尔曾经拥有一个售卖三明治的摊位。每天出入地铁站的上班族都要在

他那里购买三明治。科尔父亲就以售卖三明治为生。他继承了父亲的手艺，做的三明治很受大家欢迎。

科尔每天的收入虽然不多，但生活得倒也充实快乐。有一天，一位衣冠楚楚的商人品尝过科尔做的烧卖后，鼓励他说："以你的手艺，你在地铁站里混迹生活太屈才了。如果你在商业街附近开一家餐厅，一年下来挣个几十万绝不成问题。"

商人的话，让科尔彻夜难眠：自己有那么好的手艺，为什么还要过这种清贫生活？"自己做老板！"他下定了决定。没过多久，他的餐厅就在商业街附近开张了。

科尔的手艺固然好，但在各种高档餐厅林立的商业街区，就显得很不起眼了，所以他的餐厅自开张之日起生意一直不是很好。更为重要的是，科尔只是个做三明治的手艺人，从来没有学过经营管理，也不懂得什么商业推广，甚至有时一个月下来是赔是赚，他自己都弄不清楚。

餐厅稀里糊涂地维持了半年，科尔的生意仍不见起色，可他的全部积蓄都已经赔光。他不得不把餐厅转让了出去。此时，他开始怀念起在地铁站卖三明治时的快乐生活，但眼下他连摊位费都支付不起，还有什么资本东山再起呢？

知足就意味着我们要找准自己的位置，认清自己的能力，找到真正属于自己的快乐。科尔不是做老板的材料，非要学着别人去经商，最后不仅没有挣到钱还赔光了自己的积蓄，断送了原本简单幸福的生活，这正是"贪心不足蛇吞象"的最好写照。

人要学会宽容大度，知足常乐，任何时候都不要让自己因为环境而变得繁杂。凡事适可而止，见好就收，能屈能伸。懂得知足，我们就更能珍惜现在，珍惜今天所拥有的一切；懂得知足，我们就能淡泊名利，无牵无挂，一心扮演好属于自己的角色；懂得知足，我们就能享受到许多生活的情趣，在许多不经意的小事中获得美好享受。

美国著名生活艺术家、绘本作家塔莎·杜朵，出身名门，享受着富足生活，来她家拜访的客人都是社会各界名流。可是，这些不是她真正想要的——她只希望让一切变得简单自然。

婚后，塔莎·杜朵搬到农场生活。没有水电，她每天都要步行到很远的地方去挑水。她养了很多奶牛和家禽，在花园里种满各种蔬菜和花草。她以古法制作面包，衣服也是用自家种的亚麻纺织缝制而成。工作之余，她会陪孩子们一起玩耍，教他们做各种农活，还为他们制作了许多玩偶。在孩子们上小学时，她创办了一个木偶剧团，带着孩子们到附近城镇去巡演。

日子虽然过得艰辛，但她却乐在其中——这种简单自然的生活让她感到满足。后来，丈夫无法忍受简朴艰难的生活，和她离了婚。但是，这并没有动摇她的决心。1971 年，她出版《柯基村集市》，并因此获得“女王终身成就奖”。同年，她梦想成真，迁居到魂牵梦绕的佛蒙特荒野，并花 30 年时间建造了属于自己的 19 世纪风格农庄。

在塔莎·杜朵看来，她一直以知足心态来生活。因此，不管环境怎样艰苦，她都觉得自己每天的生活是在度假。

总之，知足是一种态度，常乐是一种情怀。有些东西本来就不必太过苛求，只要是适合于自己的，就一定是最好的。

【让坏情绪不再纠缠你】

中国式管理大师曾仕强说：“人不要求全，应该知足，而只有守本分，才会知足。”世上有些东西注定是不属于你的，而有些东西是你必须努力坚守的。让自己拥有一颗知足的心，以快乐心态去寻找生活中的亮点，这样的生活不会再有沉重，更不会让人充满怨言。

低调是生命中最含蓄的奢华

天不言自高，地不言自厚。一个有着不凡成就的人，是不会到处炫耀自己的。即使深居简出、衣着简朴，他们身上耀眼的光芒也不会被掩盖。所以，放低自己的姿态，不是懦弱无能的表现，而是一种高深的处世谋略，是对个人实力的高度认可，更是在经历过暴风骤雨后的从容与淡定。

大喊大叫的人，往往心虚；招摇过市的人，往往肤浅；大放厥词的人，往往没有真才实学。人们竭力炫耀什么，实则就是缺少什么，就是想急迫地掩盖什么。与其做一个虚荣狂妄之辈，浅陋无知之徒，不如让自己沉静下来，用更低的姿态在生活中行走。

真正拥有智慧和才华的人，必定都是低调的。他们所创造的一切，都是为了自我价值的实现，而非得到别人羡慕嫉妒的目光。他们了解生活的意义，知道努力的方向，对于生活中哪些该争、哪些该舍更是心知肚明。他们有着温柔的眼神，和蔼的笑容，谦恭的举止，平和的心态。他们看上去如此平凡，就是因为他们不需要用夸张和张扬的方式去向别人证明什么。

首次登月成功的宇航员阿姆斯特朗是一位行事非常低调的人。

登月成功对全人类来说无疑是一次伟大的创举。可在那之后，阿姆斯特朗仿佛从人们的视野消失了。他从未出现在电视广告中，也从未对人倾诉他的政治主见和个人好恶，对于他的私生活别人更是无从知晓。如果他在某餐厅吃饭，坐在对面的人可能也不会认出他就是赫赫有名的阿姆斯特朗。

有人把他的一撮头发卖了 3000 美元，于是他跟对方打起了官司；有人把他的签名高价出售给收藏家，从此他再也不给任何人签名。后来，他放弃了美国宇航局的高层职位，选择在辛辛那提大学教授航空工程学。他在偏僻的乡下买了一个农庄，喂牛种粮，很多人连他的电话号码都找不到。

他并非是一个难以沟通的人，他只是不喜欢成为新闻焦点。许多从月球回来的宇航员都利用名声在商界或政界闯荡，唯有他选择去过简单而普通的生活。在他看来，登月成功根本不是他的功劳，而是 40 万人共同努力的结果。

很多人有了一点名气就自认为高人一等，觉得自己了不起，于是和人相处时总是摆出一副傲慢的架子。事实上，像阿姆斯特朗这样的生活智者，淡泊名利，时刻能摆正自己的位置，处处能放低自己的身段，始终能平等待人，则能够得到更多赞赏和尊重。

水低成海，人低为王。让自己低调一点，就是时刻提醒自己，我们永远不要停下向上攀爬的脚步。正如有人说的那样，只有敢于把自己放在最低处，才有走向人生制高点的可能。飞扬跋扈不是成功的证明，而是走向失败的前奏；低调也不是懦弱妥协的表现，而是虚怀若谷、韬光养晦的远见卓识。

马来西亚首富郭鹤年拥有一个庞大的商业王国，也创造过无数商界奇迹。但是，他很少抛头露面，也从不在任何社团和团体担任职位。即便是收购香港无线这样的重大事件，他也没有在新闻发布会上露面，以至报道他的记者很难找出一张像样的照片。

他平时生活简朴，处处平易近人，每天上下班坐地铁，公司的豪华轿车他从来不坐。他不穿名牌服装，不戴名牌手表，办公室里的家具也都是十几年前的款式。作为香格里拉集团的大老板，他每次出差时也总是住在普通的客房。

有一次，他参加一个庭审，默默地坐在众人中间，很不起眼。一个记者有意无意地和他攀谈起来。当问到他从事何种职业时，他只是简单地答道：“卖米的”。后来，人们才知道，这个貌不惊人的“卖米”的中年人，原来就是大名鼎鼎的郭鹤年。

一个人不管取得多大的成就，不管名声有多么显赫，面对种种光环，都应该保持低的姿态，这是难能可贵的品质和处世态度。当我们处在人生辉煌的顶峰时，不必强求自己成为别人眼中的胜者，也不必炫耀显摆自己的功绩。人生无常，无论到什么时候，只有守住自己淡然的心态，才能始终立于不败之地。

【让坏情绪不再纠缠你】

著名作家冯骥才说：“享受一下低调吧——低调的宁静、踏实、深邃和隽永。低调不是被边缘被遗忘，更不是无能。相反只有自信才能做到低调和安于低调。”为人处世懂得谦虚谨慎，甘愿处低，这样方可登高。低调做人，是一种含蓄的奢华，不仅能够让我们保护自己，与人和谐相处，也能够让我们积蓄力量，悄然潜行，在不露声色中成就伟大的事业。

活在当下，珍惜你所拥有的一切

人生最珍贵的不是已经失去的过往，也不是充满未知的未来，而是现在所拥有的。人生如梦，白驹过隙，事物总是会随着时间的流逝不断地发生变化。过去的已经过去，未来如何谁也无法知晓，我们唯一能做的就是活在当下，珍惜眼前所用的。

“人生得意须尽欢，莫使金樽空对月。”很多时候，我们总是苦苦追求那些莫须有的“美好”，而忽略身边的风景。也许当下的生活有这样或那样的不尽如人意，可它却是真实存在的。

在生活中，我们总是盯着一些不切实际的东西，总是盘算着自己还能从生活中多获取一些什么。那些若隐若现的远方，或那些或有或无的目标，使我们无法发现身边的美好，永远无法停下脚步来好好享受当下的生活。人要学会珍惜眼前，不要等到失去后才知道懊恼。幸福就是我们现在拥有的一切，珍惜现在的自己，珍惜你爱的人和爱你的人，珍惜当下的生活。

安娜是墨西哥的一名平面模特。她从小失去父亲。母亲一人含辛茹苦地把她和弟弟抚养成人。他们生活一直非常拮据。很多时候，一家三口都吃不上一口饱饭。

安娜的事业刚刚趋于稳定时，母亲又因为积劳成疾病倒。为了给母亲治病，她家欠下了巨额债务。为了肩负起家庭重担，安娜把收入的绝大部分用来还债，资助弟弟上学，还有贴补家用，而自己却生活得非常节省。作为时尚界小有名气的模特，除工作必需品之外，她连一件名牌的服装或挎包都没有。

每天晚上，工作一天的安娜总会拖着疲惫的身躯，到医院去照顾母亲。为了多挣一点钱改善家里的生活，她接了许多被其他人所不屑的工作，甚至为此放弃出国深造的大好机会。

在她的不懈努力下，母亲的病情终见好转，弟弟也考上了知名大学。此外，她还为家人买了一套高级公寓。

面对生活，她没任何怨言。她说："不管遇到什么困难，对我来说，现在的一切都是最好的。谁知道以后会怎样，我只想活在当下，珍惜我家人和我的生活。"

人生匆匆，想要自己不留遗憾，就要学会珍惜。珍惜现在所拥有的，珍惜当下的生活，才能让自己多几分舒适和安心，少几分牵挂和苦楚。

人生可能会有不堪回首的过去，也可能会有美好无比的未来。但是，如果总是沉浸在对过去的种种回忆中，老是抱着对未来的虚幻的憧憬和向往，就会让今天虚度。以往的教训是否惨痛，过去的经历是否珍贵，都要通过认真地活在当下去体现；未来的目标能否实现，美好的希冀能否成为现实，也要通过今天的努力去好好争取。所以，只有好好把握现在你所拥有的，才能让一切变得有价值。

世界第一男高音帕瓦罗蒂在念书时有件事一直困扰着他：每天下午第二节课的主讲人是意大利知名声乐家波拉，但由于他体型偏胖，行动缓慢，所以经常抢不到好的听课位置——即便牺牲掉第一节课听课时间来谋划之后的抢座计划，效果依旧不够理想。

后来，帕瓦罗蒂发现，这样的抢座模式不仅严重影响到他第一节课的听课质量，而且，即便他能在第二节课上抢到好位置，由于气喘吁吁，心浮气躁，波拉讲的东西也很难听得进去。

从那以后，他安下心来，认真听第一节课的内容。下课铃响后，他不会再像以前一样向外飞奔，而是从容不迫地走出教室，一边走一边思考着下节课的学习重点。尽管座位不好，但反而让他在听课时更加专注、用心。这一切都使他的学习成绩有了显著提升。

五年时间过去了，他成为全学院最优秀的学生。许多著名讲师的课堂上甚至都为他准备了专门的座位。

后来，在一次国际声乐竞赛中，其他选手都在为有机会见到国家首脑而激动不已，唯有他一个人安静地待在角落里练习发声。赛事负责人感到很奇怪，他却解释说："未来的事还未发生，与其为此分散了精神，不如做好手头的工作。当初的所有，将决定未来的结果。"他的一席话给在场的人留下了深刻印象。

果然，在当天晚上，他荣获比赛一等奖，从此踏上世界第一男高音的成功之路。

人生的收获都蕴藏在当下的每一分每一秒之中。凡是能取得成就的人，都能够紧紧地把握住今天；凡是在生活中拥有大智慧的人，都不会纠结于过去的负担，不迷茫于将来的未知，真诚坦然地生活在此时此刻。

【让坏情绪不再纠缠你】

中国共产主义先驱李大钊说："我以为世间最可贵的就是'今'，最易丧失的也是'今'。因为它最容易丧失，所以更觉得它宝贵。"成功只属于那些锲而不舍且珍惜生命中每一个今天的人。因为人生中最宝贵的就是每一个"今天"，只有活在当下，把握住今天，才有资格拥有更好的未来。

只有输得起的人才能走到最后

在人生的比拼中，每个人都想赢。想赢，就一定不要怕输。当你身处黑暗时，也许走下去就是光明；当你感到痛苦难耐时，也许冲出去就能破茧成蝶；当你输得一塌糊涂时，也许站起来就能看到成功的希望。

小朋友在跑步比赛中没有获得第一，不是痛哭不止就是和家长无理取闹，这是输不起的表现；一个女孩因为害怕承受失去的痛苦，从而拒绝深爱自己的男孩，一段美好的感情还没开始就已经宣告结束，这是输不起的表现；一个创业的青年，因为决策失误，而赔掉了自己所有的积蓄，从此自暴自弃一蹶不振，这也是输不起的表现。

杨澜在创办阳光卫视失败以后，说过一段耐人寻味的话：在输得起的时候输一次，也没什么。无论你正处于人生哪个阶段，其实都有输得起的资本。不要怕输，怕输的结果就是常输。如果背上了想赢怕输的心理包袱，就会让人止步不前，甚至连尝试的机会都不留给自己，这样的人生是看不到希望的。相反，那些输得起的人却往往能冷静审视输的原因，知耻而后勇，置之死地而后生，在失败和打击中去激发自己的潜能，去为自己创造赢的可能。

1935 年，一位中国的留学生忧心忡忡地走在麻省理工学院校园里。由于文化差异，语言不通以及生活环境不适应，他在异国他乡的求学之路走得很不顺利。他担心自己的将来，害怕自己不能学有所成，从而辜负家乡父老和祖国对他的殷切期望。

正在这时，一个大嗓门中年人引起了他的注意。他虽然是送外卖的服务员，可是对街边最新款的豪华轿车评价得头头是道。他为何对汽车如此了解呢？很多人对此感到困惑。原来，他以前是一位汽车销售公司的经理。后来，公司破产，他转行送外卖。

在场的人都为那位中年人感到惋惜，他却不以为然地说："生活中，并没有什么输不起的。不开汽车公司，我也照样能养活一家人，我也相信自己还会再次成功！"

听了他的一番话，那位中国留学生突然明白，这个世界上从来没有绝境，也没有什么是输不起的。从此，他放下思想负担，潜心于自己所钻研的领域，最终取得了举世瞩目的科研成就。他就是被誉为“中国航天之父”的钱学森。

有人说，人生就像一场赌局，谁也不可能是常胜将军，谁也不可能老是输家。人要经得起失败，要经得住暴风骤雨的考验，更要敢于从不幸的败局中重新站立起来。有了这样的信念，人便不会在胆怯中举步不前，摇摆不定，眼前的任何困境也不会再成为我们前进的阻碍。

人一生难免会遇到湍流和险境，但如果你把一时的结果看得太重，就会让自己变得畏首畏尾，从而失去生命的斗志。失败其实并没有那么可怕，它是通往成功路上必需交的学费，是我们汲取经验获得成长的大好机遇。没有经历过“输”的人，自然也无法收获最后的“赢”。

在美国有一个青年名叫麦基，出身贫寒，也没接受过高等的教育，但凭着不凡的勇气来到了波士顿。

在波士顿，他结识了一位朋友名叫荷顿，并合伙开了一家布店。后来，他爱上了荷顿的妹妹，却遭到了荷顿反对。因为在荷顿看来，麦基没有什么能耐，根本配不上自己的妹妹。最后，麦基只得带着荷顿的妹妹离开布店，重新开始他们的生活。

婚后，麦基自己开了一家经营针线和纽扣的小店。本以为能大赚一笔，结果生意非常惨淡。麦基从这次失败的经历中明白了，不仅要考虑客户的需求，还要考虑顾客购买的可能性——有谁会为买一个纽扣走很远的路呢?

在那之后，不甘心的麦基又先后开了两家布店，但结果都以失败收场。不过，他也从中明白了许多经营之道。比如，做生意要处理好从进货到销售过程中的各个环节，任何一种经营策略都要结合具体的环境才能发挥作用等。成长的代价总是惨痛的。几经波折之后，他几乎赔光所有积蓄。

可就在这时，当年嫌他没有本事的荷顿却找上门来，并愿意提供资金让他东山再起。荷顿认为，麦基这些年虽然经历了很多失败，但也从失败中汲取了很多经验，增长了许多智慧，长了许多能耐。如今，麦基已经是一个合格的合伙人。

在荷顿帮助下，麦基又开起了自己的商店，并在很短时间内开设了许多分店。十年之后，麦基的生意扩大了数十倍，成为全世界最大的百货公司之一。

成功者往往都是输得起的人，他们不是未曾被击倒过，而是在被击倒之后，仍能够坚定地站起身、向着前方勇敢地迈进。

【让坏情绪不再纠缠你】

美国诗人惠蒂尔说："从不获胜的人很少失败，从不攀登的人很少跌倒。"想赢就不要怕输，想收获人生的辉煌，就不要怕经历失败或是遭受打击。胜利固然值得骄傲，在拼搏中经受失败的人更值得尊重。只要你输得起，就一定有重新来过的机会。

微笑是一种创造幸福的能力

瑞士诗人施皮特勒说："微笑乃是具有多重意义的语言。"微笑能给自己带来愉悦的心情，能给别人带去美好的感受。一个不会微笑的人，物质上再富有也不算完整。无论身处顺境还是逆境，能够始终以甜美的笑容示人，才是生活中最美的风景。幸福的体验不会从天而降，只有保持微笑，才有创造幸福的可能。

人生像一面镜子，你对它微笑，它也会对你微笑；人生像一本书，你对它微笑，就能读到所有快乐的章节；人生像一杯咖啡，你对它微笑，就能在苦涩之后品味出淡淡的香甜；人生像一幅画卷，你对它微笑，就能描绘出世间最绚丽温馨的画面。

不知道从何时起，我们似乎失去了微笑的能力，取而代之的是疲倦的面容，是纠结的神情，是沮丧的目光，是彼此之间越来越多的怨言。生活着实不易，我们为何不能以愉悦的姿态去面对呢？有人说，生活是一串烦恼的念珠，乐观的人是微笑着数完的。微笑是世界上最美丽的语言，成功时它代表着喜悦，失败时它意味着自信，尴尬时它是一种释然，失落时它是一种希望。把微笑当成一种习惯，这是一种愉悦的幸福，感染了别人，也快乐了自己。

每晚下班的时间，乘坐电梯是一件让人头疼的事。人们站在电梯前焦急地等待着，电梯门一开，便互相推搡着挤了进去。电梯里的空间非常狭小，让人有一种快要窒息的感觉。人们互相拥挤着、抱怨着，不知道是谁踩了谁的脚，让狭小的空间里充满尴尬而焦躁的气氛。

就在电梯门即将关闭的一刹那，远处传来了一个声音“等一下”，与此同时电梯门又重新打开了。所有人都露出厌恶的表情，不耐烦地张望着，看一看让他们在痛苦环境中继续等待的究竟是一个怎样的讨厌鬼。

最后，走进电梯的是一个可爱的小男孩。他似乎没有发觉，其他人正在向他投来凶恶的目光。令人意外的是，小男孩冲电梯里所有人露出了稚嫩而美好的微笑，然后很有礼貌地说：“叔叔好，阿姨好……”

原本紧张的气氛顿时轻松了下来。电梯里的人纷纷露出了难得的笑容。大家一面摸着小男孩的头夸奖他懂礼貌，一面互相闲聊起了自家的琐事。一句微笑的问候营造出和谐美好的气氛，重新拉近了人与人之间的关系，也让近在咫尺却互不相识的邻居转眼之间成为无话不谈的好友。

从那以后，这座大厦的居民都养成一种习惯，在乘坐电梯时，不管遇到熟悉的人，还是陌生人，都会微笑着说一声：“你好。”

这个故事告诉我们，如果我们总是以焦虑浮躁的心情面对生活，就连乘坐电梯这样的小事都会带来无比的痛苦；如果我们能以乐观积极的心态面对生活，即使是一个善意的微笑，一句诚挚的问候，就能体验到那份简单而来之不易的幸福与快乐。

即使在紧张忙碌的生活氛围之下，微笑也并非什么奢侈之物。只要内心不再纠结，只要不再有那么多复杂的欲望，我们就能把笑容时常挂在脸上。也许你正在为生活而哀怨奔波，那么就应该把这看作是通往成功和幸福的必经之路。我们不能改变现实，应该尽量让自己保持好的心态，用微笑的方式来应对变幻莫测的大千世界。

希尔顿酒店创始人唐纳德·希尔顿，在他创业初期刚刚取得一点成就时，母亲给了他一条忠告：想要把酒店经营好，除了对顾客诚实之外，还要想方设法使每一个住过希尔顿酒店的人还想再次光顾。必须想出一个简单、容易、不花钱，而又长久可行的办法来吸引顾客，酒店才会有前途。

希尔顿接受了母亲的忠告。经过苦思冥想，他认为“简单、容易、不花钱，且长久可行”的办法只有一个，那就是微笑服务。

当时，正处于美国经济萧条最严重的一年，美国有80%的酒店在此期间倒闭，而希尔顿酒店一度欠债达50万美元。他把所有员工召集到一起并鼓励大家说，虽然正处于最困难的时期，但难关总有一天会过去，所以万万不能把愁云挂在脸上，要继续保持着微笑。

的确在那一派萧条的氛围中，只有希尔顿酒店服务员的微笑才能给顾客带来美好的感受。当经济萧条刚刚过去，希尔顿酒店果然有了跨越式的发展。

没过多久，希尔顿又给酒店引起一批先进设备。他再次把所有人召集到一起嘱托说：“请你们想一想，如果饭店只有第一流的服务设备而没有第一流服务人员的微笑，那些客人会认为我们供应了他们全部最喜欢的东西吗？如果缺少服务员美好的微笑，正好比花园里失去了春天的太阳和春风。假若我是顾客，我宁愿住进虽然只有残旧地毯，却处处见到微笑的饭店。我不愿去只有一流设备而见不到微笑的地方。”

从此，“今天你对顾客微笑了没有”成为希尔顿酒店的经营哲学，从希尔顿个人到每一名员工，每天来酒店上班的第一件事就是集体唱微笑歌。后来，希尔顿酒店的资产发展到了数十亿美元，并收购了许多世界知名的酒店，成为全世界最大的酒店集团之一。

不要忽视微笑的力量，它能够传递美好的感觉，能拉近人们彼此之间的关系，也能够为我们化解生活中的难题和悲伤，以更为轻松的姿态迎接生命的曙光。

【让坏情绪不再纠缠你】

国学大师季羡林说：“人生似一首诗，微笑着对他，拾取点点诗情片片诗意。”学会微笑，是一份光明磊落的胸襟，是一份豁达大度的气派，是一份向往光明和美好的寄托。当你学会了用微笑的表情去面对生活时，你便拥有了创造幸福的能力。

放弃是另一种形式的收获

我们都懂得“鱼和熊掌不能兼得”的道理。人的一生总要面对很多无奈的境遇，总要面临很多两难抉择。想要有所得，就要首先学会放弃。人生多舛，我们会经历许多风风雨雨和挫折坎坷，只有学会放弃，我们才能拥有那份云淡风轻的心境；只有学会放弃，才会让我们拥有更多。

电影《卧虎藏龙》里有一句经典的台词：当你紧握双手，里面什么也没有；当你打开双手，世界就在你手中。放弃是一门生活的艺术，是一种选择的智慧。想要收获事业上的成功，就要放弃舒适安逸的生活；想要过着书香四溢的生活，就要放弃对金钱地位的渴望；想要感受野外田园的清新空气，就要放弃大都市里的灯红酒绿。

舍得舍得，有舍才能有得。什么都想抓住，最后什么也抓不住。面对着物欲横流的生活环境，面对着来自于四面八方的种种诱惑，放弃对现代人来说是非常痛苦的抉择。可很多时候，我们必须学会放弃。对于那些无法扭转的局面，无法改变的现实，与其苦苦挣扎，拼得头破血流，两败俱伤，不如潇洒地放手，勇敢地选择放弃。既成全了别人，也解放了自己。

凯特和丽萨是大学时期的情侣。大学毕业后，凯特留校，后来成为一名研究员；丽萨选择到国外继续深造，毕业后留在英国，任职于一家跨国金融集团。

他们之间聚少离多，生活境遇也越发不同。虽然还在苦苦维系着这份感情，可彼此都感到了难以言喻的疲惫和痛苦。丽萨每个月都要抽空回国。由于时差的原因，凯特也要经常要放下手头工作，和远在异国他乡的丽萨视频通话。可是，两个人共同的话题越来越少。很多时候，他们只是开着视频各忙各的事。

有一次，两个人话还没有说完，丽萨就趴在电脑桌前睡着了。凯特看着屏幕里那个自己深爱的女孩感到无比心痛。与其这样苦苦支撑，不如放彼此自由。痛定思痛，他抹去眼角的泪水，给丽萨发了一封邮件："我们分手吧，如果有机会还会再见。"

在那之后，丽萨给他打过几次电话，但他都没有接。渐渐地，彼此也就没了联系。

五年时间过去了，凯特已经成为高级研究员，获得了许多国内和国际上的科研奖项。

有一天，凯特下班刚走出实验室，就发现一个既熟悉又陌生的身影在等他。原来是丽萨！凯特简直不相信自己的眼睛，一时间激动得说不出话来。

原来，自从分手以后，丽萨也曾痛苦过、挣扎过，甚至想放弃工作回国和凯特团聚，但她最终还是选择了坚持。从那时起，她把所有精力都放到工作上，并凭着自己优异的表现，成为公司国际分部业务总监，而国际分部的办公地点就设在美国。

一对爱人经历短暂分别之后，终于又走到了一起。他们收获的不仅仅是爱情，还有各自人生路上的成就与辉煌。

有时候，过分强求一样东西而令自己身心疲惫，是很不明智的。真爱一个人，当然希望她能幸福快乐，如果放手能够让彼此不再成为对方的负累，能够成全彼此的人生，我们为什么不这样做呢？不仅仅是感情，对于生活中很多看似美好的事物，我们都要有敢于放弃的勇气。艰难的取舍，痛苦的抉择，却可以让我们走出人生的迷途，改变我们的命运。

在人生的许多隘口，总会长出一些欲望的杂草，我们不应该把宝贵的生命都浪费在自己无法把握的东西上。学会放弃，才能有所收获。当一切尘埃落定，当一切归于平淡，我们才能有机会感悟到真正的人生。

1989年，柏林爱乐乐团首席指挥家卡拉不幸去世。乐团决定聘请英国著名指挥家西蒙·拉特尔担任首席指挥。

接到聘书以后，拉特尔非常兴奋，因为柏林爱乐乐团是世界第一交响乐团，全世界所有指挥家都向往成为其中的一员。能接到乐团的聘书，就是对他个人能力的最大认可。但经过几个日夜的反复考虑，拉特尔竟然出人意料地放弃了这次机会，因为在他看来，爱乐乐团最震撼人心的是古典音乐，而自己对古典音乐的理解还不够深刻。

他的决定引起了轩然大波，很多英国人甚至认为拉特尔丢了英国人的脸，竟然连接受挑战的勇气都没有。而拉特尔却解释说："再好的机会，如果没有能力把握，还是放弃的好。"

在那之后，他刻苦钻研古典音乐，经历了10年的时间，终于成了世界最出色的指挥家，并带领爱乐乐团创造了一次又一次的辉煌。

没有果敢的放弃，就没有辉煌的选择。放弃，并不是终结，而是一种新生活的开始；放弃，并不是失去，而是另一种形式的收获。

【让坏情绪不再纠缠你】

法国作家巴尔扎克说："在人生的大风浪中，我们常常学船长的样子，在狂风暴雨之下把笨重的货物扔掉，以减轻船的重量。"懂得放弃，才能让我们没有那么多苛求和负担，才能让我们以轻松的姿态去迎接生活的挑战。放弃，意味着一个全新的生活面貌，或许在不久的将来，那些失去的东西我们还能加倍拿回来。

常怀感恩之心，你的世界就会充实而美好

有人说，如果你觉得自己生活得很安全，那是因为有太多的人在替你承担风险，他们可能是边疆的官兵、警察、医生、小区的保安、可能是各行各业的每一个人。所以，对于我们来说，再平凡的生活都是来之不易的。我们要常怀一颗感恩的心，感恩于自己所拥有的一切。只有这样，我们才能收获幸福的源泉，才能发现原来自己始终被美好事物所围绕。

美国前总统罗斯福的一生充满了传奇色彩，在他身上曾经发生过这样一个有趣的故事：有一次，他的家里失窃，丢了很多贵重的物品。但是罗斯福对此却不以为然，他在给朋友的一封信中说道："感谢上帝：第一，盗贼偷去的是财物，没有伤害我的生命；第二，盗贼只偷去部分东西，而不是全部；第三，最值得庆幸的是，做贼的是他，而不是我。"

对于生活能够心存感激，我们就不会有太多的抱怨，坏事也能变成好事。世上没有十全十美的事物，也没有一帆风顺的旅程，感恩能够驱散我们心中狭隘蛮横的阴霾，能够帮助我们度过痛苦的遭遇和灾难。常怀一颗感恩之心，会让人与人之间的积怨得以化解，会让心灵的伤痛得到抚慰，会让我们以包容乐观心态珍视我们所拥有的一切。

珍惜生命中所有历程，不管它意味着快乐还是泪水，我们都应该以一颗感恩的心去积极地应对。学会了感恩，懂得了感激，我们便拥有了全部的自我，便拥有了无穷无尽的力量。

在苏格兰有一个乐观的小男孩名叫弗雷特伍德。他在3岁时被发现患有罕见的粘多糖综合征，这种病没有药物能够治疗，而且随着时间的推移，还会瘫痪、骨骼弯曲，直到死亡。

家里花光了所有积蓄，他的病情依旧没有好转。他的父亲将弗雷特伍德与病魔斗争的经历写进了博客，很快就引起了社会的广泛关注。2005年夏天，《苏格兰日报》对弗雷特伍德进行了专版报道。之后不久，贝克汉姆还邀请弗雷特伍德共进晚餐，面对自己的偶像，小弗雷特伍德激动地说："我一定要成为你这样了不起的人。"

从那以后，弗雷特伍德一家得到了来自世界各地的帮助和捐赠，又经过了两年时间的努力，他的病情终于得到了控制，而且可以适度进行一些运动了。弗雷特伍德说，自己是幸运的，得到了很多人的帮助，但世界上还有那么多人没有他这般幸运。所以他必须要懂得感恩，用最真诚的方式去感谢他们。

在那之后的四年时间里，弗雷特伍德在父亲的帮助下，凭借着自己惊人的毅力，征服了苏格兰境内二百多座山峰。他的身体越发的好转，更重要的是，他每到一个山脚下，就会把亲手做的用以感恩的千纸鹤送给每一个曾经帮助他的人，并诚挚地说一声感谢。这期间有两次，弗雷特伍德在爬山过程中遇险，差点丢掉了性命，可这一切没有动摇他的决心。

弗雷特伍德的意志力和乐观精神感动了所有人。通过这样的方式，他募集到了越来越多的善款，并将这些钱全部捐给了沿途遇到的每一个需要帮助的人。后来，他还创办了慈善网站，以此来帮助更多的人。

投之以桃，报之以李。人不能总是一味地索取，还要用同样的方式去报答其他人。学会感恩，为自己拥有的而感恩，为生活所赠予的而感恩。当别人帮助你时，要以真诚的方式表示感谢；当别人需要帮助时，也要不遗余力地伸出援手。这不仅能让你拥有积极健康的心态，让你收获更多的尊重与爱戴，更能为你创造出一个又一个生命的奇迹。

生活中处处是美的体验，我们需要有发现美的眼睛，需要有一颗充满爱的心。感恩并不是什么难事，很多时候它只是一句简单的“谢谢”，一个亲切的眼神，一个甜美的微笑，又或是心存感激把自己生命的价值发挥到极致。

在英国的乡村，有一位贫困的农民正在劳作，忽然他听到河里传来了呼救的声音。农民毫不犹豫地跳入水中，从中救出了一位少年。

这位少年是一个贵族公子，几天后少年的父亲带着厚礼来表示感谢，但却被农民拒绝了。因为在他看来，救人是出于自己的良心，根本不是因为对方的出身和财物。

农民善良的品行和高尚的情操，令少年的父亲非常感动，为了报恩他决定资助农民的儿子到伦敦去接受高等教育。农民终于接受了这份馈赠，因为能让儿子接受良好的教育是他一直以来未实现的梦想。

多年以后，农民的儿子从伦敦圣玛丽医学院毕业了，后来还被英国皇家授勋封爵，并获得1945年诺贝尔医学奖，他就是青霉素的发明者亚历山大·弗莱明。

那位被救的贵族公子后来也长大了，在第二次世界大战期间患上了严重的肺炎，但幸运的是，依靠农民儿子发明的青霉素，他很快就痊愈了。这位贵族公子就是英国前首相丘吉尔。

人们彼此之间的馈赠和感恩，是生命中最美的轮回。让我们常怀一颗感恩的心，去感谢生活中的点点滴滴吧！

【让坏情绪不再纠缠你】

德国哲学家尼采说：“感恩即是灵魂上的健康。”用一颗感恩的心去呵护我们的生命，去报答生命所有给予。懂得孝顺父母，热爱亲朋，回报社会，生活就会充满更多的快乐，世界就会变得更加充实而美好。

第八章
主宰自己的命运，让坏情绪彻底远离

成功源于勤奋，快乐源于心态。生活中痛苦的境遇由不得我们做选择，可生命的品质和幸福的体验却由我们主宰。能否拥有幸福快乐，决定权始终掌握在我们自己手中。我们不要抱怨现状，要相信自己，相信未来，珍惜你现在所拥有的，尽自己最大努力去经营未来，最终必将会争取生命中一切的美好。

没必要为打翻的牛奶而哭泣

在生活中，坏情绪之所以纠缠着很多人不放，就在于他们总是为一些不必要的事而烦恼。错误和失败既然已经发生，再让自己为之痛苦也于事无补。对于那些可以挽回的损失，就应该打起精神来重新上路；对于那些无法改变的事实，就不如顺其自然听之任之。我们或许无法改变现实，我们唯一难改变的就是自己的心情，从而拥有一个更为乐观的心态去面对这个残酷的世界。

印度诗人泰戈尔说："如果你在错过太阳时流泪，那么你也要错过群星了。"在人生征途上，由于各种原因，我们总是要面对一些不幸的打击。终日为这些遭遇而悔恨惋惜，甚至沉溺其中不可自拔，是生活幸福的最大障碍。因为当你为已然发生的事实而悔恨时，你所错过的可能会更多。

打翻的牛奶很快会淌光，无论你如何抱怨、后悔、哀叹和伤感，也都于事无补。既然这样，我们就不如学会向前看，让以往发生的一切成为过去式。哪怕是再痛苦的打击，对于今天的你来说，也已经毫无意义，我们应该学着用坦然惬意的心态去面对人生的变故。

对于青少年心理教育，有这样一个成功的案例：

某一个班级的学生的学习成绩不很理想，大家越是为糟糕的成绩而忧心忡忡，便越是考不好，如此便成了恶性循环。

有一位名叫保罗·布兰德威尔的心理学家，有一天早上来到了这个班，并把一瓶牛奶摆在了讲台上。同学们看着一言不发的老师和一瓶很普通的牛奶，都感到很纳闷，不知道这节课的内容和这瓶牛奶到底有什么关系。

突然，保罗博士站起身，一巴掌把牛奶瓶打碎在了水槽里。同学们都感到很惊慌，并纷纷议论起来：多好的一瓶牛奶啊，就这样被打翻了，太可惜了……这时，保罗博士大喊道："不要为打翻的牛奶而哭泣。"

他让同学们聚拢到水槽边，好好看看那瓶被打碎的牛奶。然后说道："我希望你们能把这节课的内容铭记一生。因为它告诉你们，被打翻的牛奶已经没有了，很快就会漏光了。不管你们如何着急、发牢骚或是向我抱怨，也无济于事了，你们不可能挽回一滴牛奶。或许，如果能提前用一些方法来预防，这瓶牛奶就不会被打翻，可是现在一切都已经太迟了。我们所能做的，就是接受这个现实，然后忘记这件事。丢开它，把注意力集中在下一件事情上。"

"不要为打翻的牛奶而哭泣"，如此朴实的话语却蕴藏着精辟的人生哲理。面对痛苦的境遇，我们可以选择暂时的悲伤，但是不能永远沉浸在这种情绪之中。对生活的灰心和绝望，无法改变既成的事实，唯有重新抬头，把握眼前，生活才能有新的希望。

生活只有"向前"这一个方向，时光也不会因为你的坏情绪而停滞下来。重要的不是我们失去了什么，而是在失去中我们重新拥有了什么。打击和失败都只是我们生活中不可或缺的一部分，其价值就在于我们可以从中吸取很多宝贵的经验和教训，汲取很多继续向前的力量和勇气。只要能拥有积极的心态，和永不放弃的信念，我们很快就能够发现，生活变了模样，一切都有机会重新开始。

在美国有一个青年，他没接受过高等的教育，也没接受过专业的训练，家里还非常贫穷，连一日三餐都勉强维持，更不要说去买一套像样的西装。可是，他却有着在别人看来不切实际的梦想，就是成为一名影视明星。

那时候在好莱坞，大大小小的影视公司大约有500家，他记录下这些公司的名称和地址，并根据自己的计划确定下名单顺序，然后带着自己写好的剧本逐一前去拜访。但是，第一次尝试以失败告终，500家公司之中没有一家愿意聘用他。

这样的打击并没有摧毁他的斗志，从最后一家被拒绝的公司出来之后，他又从第一家开始，继续他的第二轮拜访和自我推荐。然而结果却和上一次一样，500家公司依然全部拒绝了他。

“我一定要成功”的信念始终支持着他。他从失败的经历中他吸取了经验，对剧本进行了重新改编。后来，一家公司看上了他的剧本，却不愿意邀请他来出演。在他看来，只有自己才是最合适的男主角，因此他又一次失败了。

直到在经历了第1850次失败之后，终于有一位曾经拒绝过他20次的导演愿意投资开拍他的电影，并邀请他来出演自己的电影。电影上映后，获得了巨大的成功，从此他便走上了巨星之路。他就是好莱坞传奇动作明星——史泰龙。

不要把人生中的那些坎坷和挫折太放在心上，心里装的东西太多，坏情绪就会自动找上门来。

生命中还有太多的瞬间需要去珍视，还要太多梦想需要去坚持。与其恋受着那些痛苦的回忆，与其在命运面前表现得不堪一击，不如让自己勇敢地重新站起身来，以一份明朗的心情和平常的心态，去微笑着面对生活。

不要为打翻的牛奶而哭泣，重新换一瓶也就是了！

【让坏情绪不再纠缠你】

莎士比亚说：“聪明人永远不会坐在那里为他们的损失而哀叹，却用情感去寻找办法来弥补他们的损失。”人生的烦恼和忧愁总是客观存在和无法避免的，想要快乐地享受生活，关键在于我们要以微笑面对生活中不如意的经历，然后从中吸取教训，不断总结，唯有如此我们才能在人生的道路上取得引人瞩目的成就和辉煌。

千万不要成为虚荣的俘虏

心理学上对虚荣的定义是：虚荣是一种追求虚假的荣誉而使自己获得别人的尊重或被别人羡慕时产生的自我满足心理。诚然，希望得到别人的尊重是正常的心理需求。但是，这种需求一旦超过限度，便成为一种性格缺陷，成为追求虚表、错位扭曲的心理特征。一个想要追求荣誉，必须靠自己实实在在的努力，而不是谎言、投机和伪装。

网络上曾经流传过一组图片，一个高中模样的女孩拉着父亲到手机店里买 iPhone 6 手机。整个购买过程，那个女孩一直沉浸在喜悦中，而父亲脸上不仅没有一丝笑容，反倒多了几分落寞。据说，这位父亲每个月只能挣 2000 块钱，而最新款的苹果手机售价就要将近 7000 元。

虚荣很多时候就是一件华丽的伪装，把它裹在身上可以显出我们的脱俗和尊贵，可以获得别人羡慕的赞许。至于这种赞许和生活的真实情况是否相匹配，为了这虚假的荣耀是否要付出更大的代价，恐怕只有我们自己才能知道了。

一个家境贫寒的女孩，拿着如此昂贵的手机在向别人炫耀时，就真的能心安理得吗？想到艰辛的父亲，就真的没有一丝愧疚吗？很多人永远活在别人的目光中，他们穿衣、吃饭、旅游、购物，所有一切都是做给别人看的。他们人生的唯一乐趣就是得到别人夸张的赞许，唯一动力就是得到别人羡慕的目光。

法国著名作家莫泊桑在《项链》中，十分生动地刻画了一个因虚荣而付出惨重代价的女子。

玛蒂尔德曾经是一位非常漂亮的少妇，家庭虽然不算富裕，却过着轻松自在的生活。但是，她对贵族的奢华生活非常向往。有一次，为了参加一个有钱人举办的舞会，她花光积蓄做了一件漂亮的礼服，还从朋友那里借了一条价值不菲的项链。

华丽的服饰加上她的美丽面容和完美身材，果然让她成为舞会焦点，很多人都在猜测她到底是哪个贵族家庭的贵夫人。她的虚荣心得到了满足，但不幸的事也随之发生：项链被她弄丢了。她不得不向别人借了许多钱，买了一条一模一样的项链还给朋友。

从那以后的十年里，她为了还债始终做着艰苦的工作，过着节衣缩食的生活。一个曾经美丽的少妇，变成一个满脸皱纹、皮肤粗糙、一瘸一拐的老妇人。

直到有一天，她从曾经借她项链的朋友那里得知，丢的那条项链其实是一条价格低廉的假货，而她却浪费十年青春赔了人家一条真项链。

这样的结局让人痛心。如果玛蒂尔德不去向别人借项链，如果朋友起初就能够坦诚地告诉她项链是假的，或许这个故事就不会以悲剧收场，但这一切的罪魁祸首就是虚荣。

虚荣心强的人经常靠投机取巧或弄虚作假的方式来实现某种既得利益，或是夸大自己的长处，掩盖自己的短处，来获得本不该属于他的荣耀。这不仅会给自己的生活带来损失，而且还会使其他人受到不应有的伤害。

人生的价值是由实力决定的，不是靠摆拍、作秀取得的。一些人急功近利，刚获得一点微不足道的成绩就恨不得让全世界都知道，这种表现不过是小人得志罢了。那些真正拥有财富和地位的人，对生活反而能够保持一颗平常心。

福特汽车的创始人亨利·福特，虽然坐拥万贯家财，但平日里却非常低调。他从不穿着奢华的衣服，不佩戴名贵的手表，出差时也从来不住高档酒店。

身边的一些人对他的行为感到不解：作为一个超级富翁，他经常穿着一家非常老旧的外套，出入最廉价的旅馆，这与他的身份极为不符。

亨利·福特却解释说："对我而言没必要住在昂贵的旅馆里，我在哪儿都是亨利·福特。即便是在最便宜的旅馆里我也是亨利·福特，这没什么两样。这件外套，是的，这是我父亲的——但这没有关系，我不需要新衣服。我是亨利·福特，即使我赤裸裸地站着，我也是亨利·福特，这根本没关系。"

所以，人生真正的价值是你是谁，而不在于你穿了什么，用了什么。手拿苹果手机，就一定是有钱人了？晒几组旅游的照片，就证明自己过上中产阶层的生活了？说到底，生活不是为了活给别人看的，而是要活出自己的景致，活出自己的舒心和惬意。

【让坏情绪不再纠缠你】

法国哲学家柏格森说："虚荣心很难说是一种恶行，然而，一切恶行都围绕虚荣心而生，都不过是满足虚荣心的手段。”如果说虚荣真的是一种罪行，那么最大的受害者还是爱慕虚荣的人。他们永远为别人而活，为别人的标准和眼光而活，这是一种痛苦，更是一种悲哀。

好兴趣能够装点你的人生

所谓兴趣爱好，就是一种为快乐而做的常规事，并能够让人产生愉悦而美好的心理体验。爱好不仅仅是一种闲暇时间的消遣，它能够充实我们的生活，改善我们的心态，陶冶我们的情操。人们从一些兴趣爱好中可以悟出许多对生活有益的哲理，特别是把兴趣与事业相结合的人，往往容易取得骄人的成绩。

马克思喜欢骑着毛驴野游，爱因斯坦喜欢拉小提琴，巴布洛夫喜欢集邮，法拉第喜欢看马戏，萧伯纳喜欢日光浴，魏格纳喜欢探险……古今中外，那些为人类事业做出不朽贡献的人，都是特别懂得享受生活的人。

生活不是只有柴米油盐，我们需要一些兴趣爱好来为我们的生活增添光彩。它就像是烹饪时的调味剂，虽然不是必需品，可没有它我们的生活就会变得索然无味。培养一些兴趣爱好，能够释放生活中的压力和焦虑，能够开发出我们的潜力和创造力。花一些时间去做一些自己喜欢做的事，就能更好地平衡工作与生活之间的关系，就更有机会体现出自身在某一个方面的特长和价值。有益的兴趣爱好能够让生命始终处于快乐和充满激情的状态，更能够更真实地享受到生活赋予我们的乐趣和精彩。

网络上曾经有一篇报道发人深省：

在美国，有一位87岁的老人名叫霍森。已是耄耋之年的他，眼不花耳不聋，思维敏捷，外表看上去比实际年龄年轻许多。他有一项很特别的爱好——中国书法。他年轻时大部分时光都是在中国度过的，而正是由于对书法艺术的热爱，才让他的晚年生活变得更加有滋有味。

他回到美国以后，依旧把书法当成生活习惯。他把家中的阁楼布置成书房，只有练习书法时才会进入这个房间。平日里他在这里舞文弄墨，一有特别的节日，他总会写一副中文的贺词，送给朋友和邻居。

在谈到自己的晚年生活时，霍森说："有了这样的兴趣爱好，生活变得充实了许多，我仿佛又回到了年轻的时候。"

一个人是衰老还是年轻，不仅仅要看生理年龄，更重要的在于心态。我们身边的很多人，年龄不大就已经对周边事物缺乏了兴趣，生活越过越枯燥，早早进入了"衰老"的状态。对于一个人的健康生活来说，培养某些方面的兴趣爱好是极其重要的，它可以让你获得更全面和综合的知识，可以改善你的人际关系扩大交际面，还可以为你的生活增添许多情趣。有爱好的人一定是快乐的、充实的，而一个人若能够长期生活在快乐和充实的氛围里，他的心态和人格一定是趋于美好的。

日本著名经济学家士光敏夫，在他《经营管理之道》一书中写道：能否成为一个有作为的事业家，关键之一在于你是怎样度过业余时间的。兴趣爱好除了陶冶情操之外，还能够成为我们理想产生的基础，成为我们探索某一个领域的强大动力。只要把这份美好的兴趣努力地坚持下去，美好的理想总有一天会变为现实。

有一个小男孩出生在希腊克里特岛，童年时候的他最喜欢的就是到海滩上捡贝壳。

有一次，几位外国的女游客在海边欣赏风景，并开心地笑出声来。他出于好奇走向前去，想弄明白他们在说些什么。“小朋友，能送我们几只贝壳吗？”女游客一边说着一边比画着。他虽然完全听不懂对方在说什么，但思考了一下，便微笑着把两只贝壳送给了他们。女游客向他竖起了大拇指，并给了一美元作为报酬。这让他兴奋不已，因为他似乎有了“听懂”外语的天赋。

从那以后，他便喜欢上了外语，去海边和外国游客聊天成为他每天最大的期待。他坚持向世界各国的游客学习语言。有时，因为读一本外文书籍甚至都忘了晚上回家。渐渐地，他也能听懂一些复杂的外语了，甚至还能说几句拗口的德语。

在母亲的鼓励下，他对外语的兴趣一发不可收拾。读高中时就已经熟练了英语、意大利语。他对语言学习甚至还有了自己的见解：深入语言背后的文化，就能更快掌握一门外语。为了能更深刻地理解土耳其语，他来到伊斯坦布尔最大的清真寺参观，在那里用很长时间去观看礼拜仪式，并亲身去模仿。两个月以后，他就能说上一口流利的土耳其语。

1994 年，通过努力，他成为欧洲议会的翻译。接下来几年里，大多数在欧洲议会演讲的国家元首，都请他担任翻译。他就是欧洲议会里的明星翻译家伊科诺姆。

每当人们问他精通 42 种语言的秘诀时，他总会提及儿时捡贝壳的往事，然后微笑着说：“我始终坚持语言兴趣，也就一路走到了今天。”

有人说，一个人能取得多大成就，一个人的理想能走多远，往往取决于兴趣的长度。当我们对一件事物产生浓厚兴趣以后，就会自觉主动地去不断探索和追求。在这个过程中，我们的生活会变得绚丽多姿，生命也会变得五彩斑斓。

【让坏情绪不再纠缠你】

英国哲学家罗素说：“唯有对外界事物抱有兴趣才能保持人们精神上的健康。”一项有益的兴趣爱好，能够陶冶人的性情，提高人的文化素养，激发人生命的活力，让人保持精神和心理健康，在孜孜不断地追求中让生活变得更加有味道。

有好的生活习惯才能有好的心情

随着社会经济的快速发展，紧张忙碌的工作生活节奏让人们压力陡增，心理承受力和身体忍耐力越来越多地出现“透支”情况。失眠抑郁、精力不足、情绪低落、焦虑易怒等问题使很多人感到困扰，他们遍阅各种心理励志方面的书籍，向心理咨询师请教，甚至通过药物来改善自己的情绪。殊不知，想要有好的心情，首先要从培养好的生活习惯开始。

每逢夏日，街边“撸串”成为现代人喜欢的休闲方式。几个朋友聚在一起，一边品尝着烤肉啤酒，一边天南海北地神侃，直到凌晨才能各自散去。人与人之间相聚小酌固然没错，但不加节制地消费健康却容易带来一系列问题：由于暴饮暴食，或是吃了太多不新鲜的肉类食品和海鲜，第二天就可能出现肠胃不适的症状。而睡眠的严重不足，不仅会影响到工作和生活状态，也会造成悲观抑郁、焦躁易怒的情况，甚至会引发心脑血管疾病。

“生物钟”是生物体生命活动的内在规律，调节着机体各项功能的正常运转。好的生活习惯，有规律的作息时间，能够提高人的工作效率和学习成绩，减轻疲劳，预防各种疾病的发生。反之如果生活不规律，人的身体上就会感到疲惫不适，精神上就会萎靡不振，在严重损害健康的同时，自然也不会有好的心情。因此，改善我们的心理状态，首先就要有好的生活习惯。

保证充足的睡眠。“夜猫子”已经成为现代人的时尚标签。但睡眠不足，对身心健康会造成严重的危害。一般来说晚上 11 点前就应该入睡，最好不要超过 12 点，同时成年人应该保证每天 7–8 小时的睡眠时间。

饮食要有节制，注意营养搭配。一日三餐是我们每天体力和精力的重要来源。很多白领有不吃早餐的习惯，长此以往不仅会影响肠胃功能，精神状态也会受到影响。要健康饮食，吃得科学，吃得合理，才能增强体质，有效抵制疾病的侵犯。

每天要留一些放松休闲的时间。不管工作有多忙，生活有多累，都要留出一点时间来放松自己的身心。规律的生活就应该有张有弛，工作之余，安静地喝杯茶，看本书，或是看一部有趣的电影，去 KTV 唱唱歌，都能起到很好的调节作用，提高我们的生活质量。

美国马里兰大学的专家通过试验发现，唱歌作为一种休闲方式，不仅能释放压力，缓解心情，还能够起到预防治疗疾病的作用。当人放声歌唱的时候，不但可以增加面部肌肉运动，改善颈部、面部血液循环，还能增加人体的肺活量，减慢心肺功能衰退。

科学家将 20 名老歌手与不经常唱歌的同龄人进行比较，发现歌手的胸壁肌发达，心肺功能好，而且心率缓慢。还有一项调查显示，每天保持唱歌习惯的人比普通人的寿命平均长十年。

要注意个人卫生和外在形象的整洁。很多人由于工作忙，平时便不注意个人卫生，形象上也不修边幅，甚至距离很远就会让人闻到一股汗臭味。这不仅会影响到个人健康，也会严重影响到人际关系和积极自信的心理状态。所以，我们要保证每天刷牙洗脸，饭前便后要洗手，定期洗澡洗头和剪指甲，出门时也要注意服饰和外在形象干净整洁，这样才能让自己有好的心情。

保证适度的体育运动。没有每日坚持锻炼的生活习惯，就会让人变得越发慵懒，对生活也会产生懈怠和消极的情绪。所以，不管平时多忙，都要抽出一点时间来进行体育运动，以此来调节身心，释放压力，补充能量。

俄罗斯总统普京始终保持着身体强健、精力充沛的生活状态，他的秘诀就是热爱运动，并且能持之以恒。他热爱柔道、滑雪、冰球、游泳、骑马、赛车等项目，尤其在柔道方面造诣极深。他认为，柔道是训练体能和智能的项目，有助于提高人的力量、耐力和反应速度，使训练者学会控制和完善自我、认清对手的长处和短处，以便争取到最佳结果。

普京日常的工作非常繁忙，但他总要抽出一些时间来进行体育锻炼。他在俄罗斯民众中倡导健康的生活方式，希望从事体育锻炼能成为俄罗斯的社会时尚。普京说，健康生活方式关乎国家和民族未来，“不可能借助药片来解决俄罗斯人健康问题，应让人们崇尚健康生活方式、积极投身到体育运动中来”。

想要有健康的身体和良好的精神状态，就得有好的生活习惯。我们要学会有规律有节制地生活，让好的心情每一天都伴随在我们的左右。

【让坏情绪不再纠缠你】

日本著名音乐人久石让说：“作曲家如同马拉松选手一样，若要跑完长距离的赛程，就不能乱了步调。”我们每个人的生活，都应该保持有规律的步调。

人体的各个系统每天都在周而复始有规律地工作着，我们的生活应该适应这一情况，做到按部就班，这样才能促进身体健康，才能让我们始终拥有着积极眼光的心态。

把每天都当成生命的最后一天

人的一生是短暂的，想要活出最精彩、最完美的自己，就要把每一天都成生命的最后一天来度过。生命中的每一分、每一秒，都是上天最好的馈赠，我们都没有理由让光阴虚度。珍惜时间、珍爱生命，不管最后的结果如何，都不要给自己留下遗憾。只要奋斗过，我们就该为自己喝彩。

电影《2012》虽然只是虚构的情节，但我们可以作这样的假设，如果明天就是世界末日，面对那些尚未实现的理想和还没完成的事业，你是否会感到无比遗憾呢?

时光荏苒，日月如梭。时间就像一列高速列车，载着我们向着生命的终点呼啸飞驰。时间是公平的，也是残忍的，对于那些已经逝去的时光，我们便再也没有机会挽回了。很多人之所以觉得生活乏味，就是因为他们虚度了太多的时间，如果我们能够把活着的每一天都当作生命中的最后一天，那么再疲惫的工作，也会感到一种幸福；再痛苦的挫折，也会感到欣慰；再平淡的生活，也会感到庆幸。

时间对每一个人来说，都是最宝贵的资源，如不充分利用则必将一事无成。只有珍惜时间，合理地分配时间资源，充分利用每一分、每一秒，我们才能不给自己的生命留下任何遗憾。

莎士比亚之所以能够成为全世界最卓越的文学家，就在于他非常珍惜时间。少年时代的他，利用在校6年里的零碎时间，读完了学校图书馆里上千册文艺图书，还能背诵大量的诗作和剧本的精彩对白。那时候，镇上经常有剧团来演出，他总是看得非常入迷。没有演出的时候，他就把同龄的孩子召集起来，自己来拍戏演戏。

后来，由于家境的败落，13岁的莎士比亚为了生存，从事了各种各样的职业。但这期间，他也没有停下学习戏剧的脚步。工作之余，他总是躲在一旁对各种各样的人进行深入细致的观察，还记录了他们很有个性的对话，这些都为他日后的创作积累了大量素材。在他22岁时，他找了一份剧场看门的工作，负责给看戏的达官贵人牵马。他就用自己挣来的小费让别人来帮他完成工作，而他自己却抓紧时间到剧场里观看演出。渐渐地，他也有一些演出的机会了。

正当莎士比亚成为正式演员时，欧洲开始流行鼠疫，剧场被迫关门，而他却毅然决然地决定留下来看守剧院。在那样人心惶惶的日子里，他根本没有时间去为生活和瘟疫而感到担忧，他利用一切时间阅读大量书籍，整理各个时期的笔记，修改了好几部剧本，并开始新剧本创作。当英国经济复苏以后，莎士比亚也由此成了英国历史上最杰出的剧作家。

生活在当下的人们，总是要学习很多新知识，总是要处理各种事务，因而总显得时间不够用。越是如此，越说明时间的宝贵。珍惜生命的前提，就是要珍惜时间，要让我们生命中的每分每秒都过得有价值。

不要等待，把全部的爱奉献给我们的家人和朋友；不要迟疑，要倾尽全力去完成我们的工作；不要徘徊，要让我们的青春尽情挥洒，要让我们的人生无怨无悔。如果是这样，即便今天就是生命的最后一天，我们也可以心安理得地度过了。

乔布斯在斯坦福桥大学进行演讲时，曾经说过这样的话：

"'记住你即将死去'是我一生中遇到的最重要箴言。它帮我指明了生命中重要的选择。因为几乎所有事情，包括所有荣誉、所有骄傲、所有对难堪和失败的恐惧，这些在死亡面前都会消失。我看到的是留下的真正重要的东西。你有时候会思考你将会失去某些东西，'记住你即将死去'是我知道的避免这些想法的最好办法。你已经赤身裸体了，你没有理由不去跟随自己内心的声音。"

"你们的时间很有限，所以不要将他们浪费在重复其他人的生活上。不要被教条束缚，那意味着你和其他人思考的结果一起生活。不要被其他人喧嚣的观点掩盖你真正的内心的声音。还有最重要的是，你要有勇气去听从你直觉和心灵的指示——它们在某种程度上知道你想要成为什么样子，所有其他的事情都是次要的。"

把每一天都当成生命的最后一天去珍视，让我们静下心来去深思，一生中对我们最重要的是什么，我们生命的意义和价值又在哪里。然后用这最后的时间，去尽情享受、体验和追求，不要把宝贵的生命浪费在毫无意义的事情上。

【让坏情绪不再纠缠你】

古罗马著名哲学家塞内加说："生命只要充分利用，它便是长久的。"把每天都当成生命中的最后一天，就是要将我们生命的价值无限延长。我们无法决定生命的长度，却可以决定生命的宽度。对死亡的思考能拓展我们对未来的想像力和洞见力，而不是裹足于当前的无知和愚昧中。

善于发现美，你的世界处处美

生活中之所以会有那么多烦恼、怨恨和抱怨，多半是因为人们总是和自己过不去。如果能以乐观心态来看待一切，生活也就不会像现在这样窘迫。我们需要一双善于发现美的眼睛，当你用欣赏的心态去观察四周时就会发现，原来生活中处处桃红柳绿，鸟语花香。

生活中的美无处不在，只是我们不善于发现而已。美是一种内心感受，我们用什么样的心情去感受生活，生活就会带有什么样的色彩。春天之所以美丽，是因为我们觉得它美丽。美的感觉存在于心中，只有用心去体验和感受，才能在生活的每个角落里发现美的痕迹。

再熟悉的地方也有美的风景，再平凡的生活也不乏暖人的瞬间。很多人总是盯着不切实际的远方，却从来不去感受身边的美，所以才让生活过得如此乏味。打开心灵的那扇天窗，睁开疲惫乏累的双眼，让美的体验始终围绕在我们身边，让平凡的世界从此变得绚丽多姿。

理查德曾经是一位议员，退休以后的生活一直不是很如意。也许紧张忙碌的奔波已经成为一种习惯，突然安静下来的生活氛围让他极不适应。

他每天都把自己关在房间里，要么翻阅以前处理过的文件，要么看着自己曾经的视频和照片静静地发呆。他对生活感到了迷茫，不知未来的日子该如何度过。

有一次，他的妻子得了一场重病，医生嘱托他每天都要带着妻子出去散步，接受阳光的沐浴。于是，每天清晨他不得不走出房间，推着坐在轮椅上的妻子去往附近的公园。这座公园是他以前每天上下班的必经之路，但是他从来没有停下过匆匆的脚步好好观察过这里的环境。

当他坐在公园的长椅上，第一次如此专注地欣赏着这既熟悉又陌生的景象，心里不由得为之一振：眼前的一切实在太美了。宽阔平整的草坪，给人一种心旷神怡的感觉。那一棵棵参天大树，孕育着无限的生机。一条林间小路蜿蜒曲折，向树林的深处一直延伸着，给人以无限的遐想。不远处的小溪，在演奏着欢快的乐曲。长椅四周是被各种鲜花装扮的花坛，一阵阵芳香扑面而来。阳光温柔地洒在妻子的脸上，她的身体虽然欠佳，脸上却始终挂着笑容，看上去是那么美丽迷人。“怎么会有这么美的地方，为什么我以前没有发现呢？”理查德感叹道。

从那以后，到公园里享受美的时光，成了他每天的必修课。即使后来妻子痊愈了，他仍然坚持着这个习惯。

生活从来都不缺少美，只是我们没有用心去感受。美就像空气，始终萦绕在我们四周。不用跋山涉水，也不必苦苦追寻，只要静下心来，仔细去体会，你就会发现，那生活中的点点滴滴和喜怒哀乐不就是最绚丽旖旎的风景吗？

欢笑也好，泪水也罢，你所拥有的就是最好的。不要放着自己的生活不去珍惜，而去四处寻找别的出路。只要你能以审视美的眼光来看待生活，生活也一定不会辜负于你。

西蒙是一位塔吊司机，在这个行当他已经干了近20年。一般人很难想像，在枯燥乏味，单调寂寞，甚至还充满了危险的工作环境下，他是如何坚持下来的。

可在他看来，自己的工作充满了乐趣。每当他独自一人坐在高耸入云的塔吊上，总会有几只悠闲的鸟儿落在他的身旁，他会觉得自己就是这个城市距离天空最近的人。所有美景都能尽收眼底，清新的空气他总能一人独享。看着那一座座拔地而起的摩天大厦，一种自豪的感觉总是油然而生。

坐在塔吊里时，他最喜欢的消遣方式就是对着天空肆无忌惮地引吭高歌，那豪迈的感觉仿佛全世界都在聆听他的歌声。他也因此练就出一副好嗓子。

后来，他参加了英国一档选秀节目。外表粗犷的他，却有着天籁之音，而他在演唱过程中所表达出的细腻情感和乐观心态，更是打动了无数人。最终他在那届比赛中获得了大奖，成了不折不扣的“草根歌王”。

无论是惊天动地，还是平凡渺小，总会有一方舞台提供给我们去实现价值。我们需要的是积极的态度，是发现美的心境和创造美的精神，在平凡中寻找情趣，在蹉跎中陶冶情操，用自己的双手去营造生活之美。

【让坏情绪不再纠缠你】

法国著名雕塑家罗丹说：“美是到处都有的。对于我们的眼睛，不是缺少美，而是缺少发现。”生活不都是快乐和幸福的，同样生活也不会全都是落寞与寂寥。生活中的美时时处处存在着，想要发现这些美，就要有一颗积极向上、活泼开朗的心。

幽默是生活的调味剂

有人说，幽默是一种令人发笑而又有余味的情操，它是生活的调味剂，是人际关系的润滑剂。幽默不是粗鄙肤浅的耍贫嘴，不是恶毒低俗的嘲讽。它能给平凡的岁月增添许多雅趣，能让我们的生活充满欢声笑语。

俄国文学大师契科夫说：“不懂得开玩笑的人，是没有希望的。”科学家针对幽默的效能做过很多研究，比如，他们让即将参加数学考试的学生去看幽默卡通，学生考出来的成绩就会更好。如果让学生考前看诗歌，就不会有这种效果。这说明幽默能够在很大程度上降低人的焦虑水平。

幽默是人类智慧的结晶，是一种高级的情感和审美活动。通过幽默的表达，可以改善我们的生活氛围，可以减轻我们精神和生活上的压力。幽默可以给人们带来欢笑，但它的功效却绝非如此简单。

幽默可以促进身心健康。幽默可以减少人的消极情绪，减轻沮丧和痛苦的体验。幽默的人往往思想乐观、心情愉快，意志坚定，生活情趣上也比较高雅，因此身体和精神上容易保持健康的状态。

幽默有利于缓和矛盾，化解尴尬。在人际交往中，难免会遇到令人尴尬的情景，如果不懂得迂回婉转，甚至还恼羞成怒，只会让事情变得更糟。而幽默却可以让人从困境中巧妙脱身，并创造性地化解人际关系中的矛盾和纷争。

有一次正逢愚人节，有人故意开马克·吐温的玩笑，于是在报纸上刊登了一则假消息说马克·吐温已经病逝了。结果，马克·吐温的亲朋好友从四面八方赶来吊唁。可当他们流着泪水赶到马克·吐温家的时候，马克·吐温却正坐在书桌旁安然无恙地写东西。

真相大白以后，大家都感到了气愤，纷纷表示要起诉刊登假消息的报社。马克·吐温似乎不以为然，微笑着说："报纸上说我病逝是千真万确的事，不过把日期提前了一些。"他的一句话，把大家都逗得笑了起来，刚才的怒气也荡然无存了。

幽默可以让人更理性和乐观地处理问题。富有幽默感的人都具有乐观心态，痛苦、烦恼和忧郁的负面情绪往往不会影响到他们对某件事物的判断力。当遇到困难复杂的问题时，他们也可以保持冷静清晰的头脑，用自己的智慧妥善解决问题。

幽默可以让你成为受欢迎的人。幽默能够表达人与人之间的真诚和友爱，能够拉近人与人之间的关系，是建立良好人际关系不可获取的法宝。因为你能够给别人带来快乐，所以更容易得到别人的认可和尊重。

剧本《武器与人》是萧伯纳非常成功的一部作品，首次公演就获得巨大成功。当他走上舞台向热烈欢呼的观众挥手致意时，一个反对者突然高喊："萧伯纳，你的剧本简直糟透了。没人愿意看，赶紧停演吧！"剧场顿时安静了下来，观众们纷纷注视着萧伯纳，认为他一定会被气得发疯。

谁知，萧伯纳没有丝毫愠色，还笑容满面地向那个人鞠了一躬，然后说："我的朋友，你说得很好，我完全同意你的意见。"

接着，他转向台下的观众说："遗憾的是，你我两个人反对这么多观众能起什么作用呢？如果观众们愿意看，我们两个人能禁止这个剧本演出吗？"

他的话音刚落，全场观众就爆发出一阵欢乐的笑声。紧接着，观众们纷纷起立为萧伯纳鼓掌喝彩。

如果萧伯纳和那个反对者据理力争，一定会给观众们留下非常不好的印象。他用一种幽默的方式，不仅化解了现场尴尬的气氛，还拉近了与观众之间的关系，赢得了更多人的尊重和赞赏。

幽默不是油嘴滑舌，不是哗众取宠。幽默的素质需要培养，这就要求我们在日常生活中不断积累智慧，陶冶美的情操，并提高观察力和创造力。总而言之，只有一个充满智慧并善于生活的人，才能真正理解幽默的含义。

【让坏情绪不再纠缠你】

意大利著名演员索菲亚·罗兰说："我相信幽默感也是魅力的一个组成部分。有了幽默感，人们可以在一种非常融洽的气氛中彼此交流思想和看法。缺乏幽默感，生活就变得非常单调和枯燥。"幽默能够有效化解人们之间的矛盾，能够活跃和丰富我们的生活。它是一种高雅的精神活动和绝美的行为方式。学会用幽默的方式面对生活，对我们一生的意义非常重大。

多一分勤奋，才能多一分收获

大发明家爱迪生说："天才，就是百分之一的灵感加上百分之九十九的汗水。"无论你拥有怎样的天资，唯有勤奋才能让你收获成功。勤奋就是坚持不懈地努力，而所有的赞誉和掌声只是这种努力后所达成的结果。所以，当我们羡慕别人能够享受高品质的生活时，当我们为这个世界的不公而心生抱怨时，不如扪心自问：你真的足够勤奋了吗？

当被问及成功的主要原因时，比尔·盖茨回答说："工作勤奋，我对自己要求很苛刻。"无独有偶，NBA 的传奇巨星科比在谈及自己成功的秘诀时也曾说道："我知道每天凌晨四点时洛杉矶的样子。"

天道酬勤，一个人的成功总是缘于他的勤奋。一分耕耘，才能有一分收获，在通往成功的道路上，无不浸染着勤奋拼搏的血汗与泪水。我们只有奋发图强，坚持不懈，永不气馁，才能成功地实现自己的人生价值，才能得到幸福而激扬愉悦的人生。

菲尔普斯是当今泳坛的一段传奇，被誉为"永远不老的飞鱼"。他有着比 1.93 米身高还多出 7 厘米的超长臂展，肺活量是一般人的两倍。很多人都认为，他之所以能够在泳池里创造出一个又一个奇迹，都是得益于万里挑一的身体天赋。殊不知，那些被掩盖在金牌背后外人无法看到的付出，十几年如一日的辛勤汗水，才是真正激发他潜能极限的力量。

菲尔普斯说，只有天赋，你永远无法赢得那些奖牌。他从 11 岁起就以夺取奥运会金牌为目标，开始极其艰苦的训练，正常孩子的娱乐活动从此与他远离；他每天都会在早晨 5 时 30 分左右起床去训练，即使圣诞节也不例外；训练严格时，他每周要在水里至少要游 100 公里。如今，已经年过而立的菲尔普斯，为了备战里约奥运会，为了在体能下滑的情况下保持最佳的状态，较之 2008 年的巅峰时期，他把每周的训练量又提升了 1 万米。

没有这种坚持不懈的奋斗，没有这些超出常人的付出，就不会有世界纪录被一次次打破的精彩，他就不会成为泳池奇迹的缔造者。

菲尔普斯用自己的实际行动证明了，成功不只取决于天赋，更重要在于你是否愿意为了 1% 的可能付出 99% 的汗水。很多人虽然天赋不错，虽然家境优越，但却疏于勤奋，不肯付出努力，总是在各种不切实的幻想中度日，最终只能是两手空空，一无所获。

中国著名作家冰心的《繁星》里有这样一句话："成功的花，人们只惊慕她现时的明艳，然而，当初她的芽儿，浸透了奋斗的泪泉，洒满了牺牲的血雨。"每一位成功者的成长历程，所堆积的乃是超越常人的辛勤的付出。人生若想达到一定高度，就必须不断攀登，哪怕疲惫不堪，哪怕伤痕累累，也要一步步向上爬，唯有如此才能登上人生的顶峰。所以，机遇和荣誉总是垂青勤奋者，我们要有一颗充满激情的进取心，以自己的理想为目标，发奋图强，矢志不移，我们就能达到成功的彼岸。

斯蒂芬·金是世界著名的恐怖小说作家，他成长的经历十分坎坷，最潦倒时连电话费都交不起。但凭着自己的努力，终于成为享誉全球的文学大师。谈起他成功的秘诀，只有两个字：勤奋。

每天天亮时，他就会伏在打字机前，开始一天的写作。一年365天，他几乎都是在文学创作中度过的。他允许自己休息的时间只有三天：生日、圣诞节和独立日。

勤奋给他带了永不枯竭的灵感。其他作家在没有灵感时就会去做别的事，让自己的心情得到放松。但他在没有什么可写的情况下，仍然坚持每天写五千字，以此来保持创作的状态。

有人说，阳光每天的第一个吻触，肯定是先落在勤奋者的脸颊上。而斯蒂芬·金无疑就是这个幸运的人。

人生路遥，步履维艰。只要我们以勤奋为准则，以不断进取为动力，永不停下向前的脚步，永不放弃自己的理想，即便生活中充满了荆棘与坎坷，我们也一定能拥抱成功的希望与辉煌。

【让坏情绪不再纠缠你】

德国政治家威廉·李卜克内西说："才能的火花，常常在勤奋的磨石上迸发。”勤奋是走向成功的唯一途径，没有勤奋，天才也会变成傻瓜。世界上从来没有不劳而获的美好，只有通过勤劳的付出，才能获得丰硕的成果。

不忘初心，方可远行

人生好似一段旅程，匆匆赶路，苦苦追寻的同时别忘了留一份心情欣赏沿途的风景，留一片净土安放最纯朴的心灵。真正重要的不是生命里的岁月，而是岁月中的生活。无论如今的你正享受着怎样的光鲜，都不要急功近利，不要浮夸轻薄，而是要有自己的喜好和理想，要坚守自己的原则和信仰，淡定安逸，心静如水。

近些年，一些不法商人，为了牟取暴利，不惜铤而走险，做出违法乱纪的勾当，给消费者和社会带来巨大的危害，其本人自然也难逃法律的制裁。他们之所以视法律和公理如无物，是因为他们忘了经商应以诚信为本，商人应以造福社会为己任，更是因为他们忘了初心，忘了创业时许下的美好愿景和庄重誓言。

星云大师在 84 岁高龄时说：“我出家做和尚，是自愿的。人生经历这么多挫折，始终不忘记，最初为什么要出家。生活很辛苦，只要你不忘记最初为什么开始，就心甘情愿。不忘初心，就是力量。”不忘初心，就是在生活中不要迷失自己，不要忘记最初设定的方向，不要放弃了最初的追求。一个人取得一点成绩并不难，难的是在遭受各种打击之后仍能坚持着最初的梦想，难的是在荣誉光环的笼罩下，仍能保持一颗淡定从容的心，仍能守护着最本质的自我。

星巴克的创始人舒尔茨有一次到英国出差，在一个城市最繁华的街区，看到在很多名牌商店的中间有一个非常不起眼的销售奶酪的小店。

他走进了小店，接待他的是一位相貌平凡的老者。舒尔茨好奇地问："老先生，商业街的地价一定很贵，您卖奶酪的钱够付房租吗？"

老者不慌不忙地回答说："年轻人，你走出店外看看，这条街上你所能看到的豪华店铺几乎都是我家的地产。我的家族是以卖奶酪起家的，很多代人都以此为生。后来我们赚了钱买下了很多店铺，但我和儿子现在还是每天卖奶酪，因为我们喜欢卖奶酪。"

坚持做自己，坚持自己的热爱，这就是不忘初心。《华严经》中说："不忘初心，方得始终。"在生活面前，我们永远都是刚入学的"小学生"，只有这样我们才不会被乌烟瘴气的社会氛围所感染，时刻铭记着人生扬帆时的希冀与梦想，时刻保持着人生起跑时的追求与动力。

一个人只有不忘初心，才不会偏离人生的轨道，才能自觉地承担起应有的责任和担当。人生只有一次，不要被世俗所迷惑，不想在生活中迷失，就要经常回头望一下自己的来路，要知道自己为什么而来，又要到哪里去。一个成功的人总是会让心灵回到最初的起点，让生活中的每一天都有从头开始的力量和勇气。

《哈利·波特》的作者罗琳从小就热爱文学，热爱写作和讲故事，无论是怎样的生活境遇，她都没从来没有放弃过写作。

离婚以后的她，带着3个月大的女儿杰西卡回到了英国，住在爱丁堡一所没有暖气的公寓里。没有爱人，没有工作，没有稳定的住所生活收入，再加上嗷嗷待哺的女儿，她不得不靠救济来维持生活。她为了让女儿吃饱，经常要让自己饿肚子。

但是，生活的不幸没有打消罗琳写作的积极性，她每天只要一有空，就坚持写作。有时为了节省电费，她甚至待在咖啡馆里写上一天。在谈及自己如此努力的原因，她曾这样说道："或许是为了完成多年的梦想，或许是为了排遣心中的不快，也或许是为了每晚能把自己编的故事讲给女儿听。"

一个信念坚定的人总是能战胜命运的坎坷，在她不懈的努力下，《哈利·波特》诞生了。她的作品一经出版，就被翻译成35种语言，在115个国家热销，并引起了全世界的轰动。

罗琳从来没有放弃过自己最初的信念，即便生活再艰难，她也相信有一天，她必定会实现自己的梦想。哪怕我们还无法踏上征途，哪怕我们还经历着平凡，至少我们要把自己的初心好好珍藏在心中，不要让它在岁月的冲刷下而黯然失色，静静守候着机遇降临的那一天。

【让坏情绪不再纠缠你】

被誉为"黎巴嫩文坛骄子"的纪伯伦说："我们已经走得太远，以至于忘记了为什么出发。"在人生之路上走得久了，总会让人感到迷茫，不知道自己为什么而活，也不知道自己从哪来，该往哪里去。而那些取得成功的人，总是不会忘记自己心中的目标，他们时时刻刻牢记着自己的追求和担当。所以他们的生命永远都有方向，并会朝着这个方向一直走下去。

一生做好一件事足矣

一生做好一件事，看似容易，实则是对毅力与恒心的考量。曾经的网坛传奇阿加斯在他的自传中，曾经说道："原来要做好一件事，要赔上你的所有。"可想而知，一个人想要在一个领域做到极致，需要付出多少努力和艰辛，需要忍受多少枯燥、乏味和痛苦。人的精力毕竟有限，利用有限的精力和时间，把一件事做好，已经算得上是成功人生了。

一生做好一件事，就是告诉我们不要忽视专注的力量。一个人一旦决定了自己的人生方向，就必须全身心地投入其中，用一生的时间去热爱你的事业，去磨炼你的技能，哪怕要忍受贫穷和苦难的折磨，也不应有半点怨言。

很多人做事总是三分钟热度，今天养花草，明天练书画，后天又爱上了马拉松；一些白领工作稍不顺心，要么跳槽换公司，要么干脆换一个行业重新开始。这些人看上去八面玲珑，善于另辟蹊径，实际上做事总是浅尝辄止，左顾右盼，没有一件事能坚持到最后，白白浪费精力，虚度光阴，到头来只能是一场空。

2010 年的一条新闻引发了轰动。在加利福尼亚州的一个消防站，一只灯泡度过了它 109 岁生日，在此期间，它熄灭的时间加起来不过一个星期。

相传，在 1901 年电灯刚刚发明不久时，美国电气公司组织了一场电灯实验竞赛，包括爱迪生在内的一大批发明家参加了这场比赛。随着主持人不断提高电压，最终只有一只灯泡没有发生爆炸。它就是那只正常工作时间长达一个多世纪的灯泡，而它的发明者却是当时并不怎么出名的发明家柴莱特。

在那次比赛以后，由于对柴莱特的赏识，爱迪生邀请他一起参与碱性电池的研究。对于一个发明界初露锋芒的人来说，能接到爱迪生的邀请，实在是难得的大好机会。可谁也没有想到，柴莱特却拒绝了这次机会，他指着比赛中获奖的灯泡说："我只适合研究它。"

后来，人们在柴莱特的日记中发现了这样的话："一生只亮一盏灯，守到群火熄灭，照样耀泽天空！”

一生只亮一盏灯，是咬定青山不放松的执着与坚守，是毕其功于一役的智慧与人生哲学。在生活中，不受各种利欲所诱惑，不被各种琐事所烦扰，能够专心致志低着头，一心一意地为自己的目标而努力，这便是一种专注的精神。做任何事，唯有具备这种精神，唯有一心一意，心无旁骛，才能取得最后的胜果。

近些年来，能够传世的文艺作品越发鲜见，堪称巧夺天工的手工艺品几乎已经绝迹，这就是因为我们缺少了专注的匠人精神。这世间没有一种技艺，不是靠着数十年如一日的磨炼才能达到极高的水平；没有一种人生，不是靠着全身心的投入才书写出华丽的篇章。

有一位英国青年名叫达利，他从小就酷爱摄影，2011 年他作为随军记者前往了阿富汗。不幸的是，一次意外事故使他身受重伤。

在那之后，他先后经历了 36 次手术，虽然最终活了下来，但他却失去了自己的左臂和双腿。面对残酷的现实，达利却欣慰地说：“幸好我还有右手，我还可以摄影。”他忍受着巨大的伤痛，终于又重新拿起了相机。

在他的不懈努力和永不放弃的坚持下，他靠着假肢又一次到了阿富汗。在那里他采访了许多难民，拍下了许多真实且发人深省的照片，用相机记录下一个又一个感人的瞬间。

后来，他终于成了一名享誉英国的摄影师，当有记者问他成功的原因时，他笑着回答说：“我仅拥有一只能摄影的右手，再做不了其他事了，所以我只能全身心地把摄影做到最好。”

人的一生当中，总有一件事是值得你用一生的时间去守候的。无论是多么远大的目标，还是非常平凡的愿望，坚守着自己的选择，我们就会拥有无比强大的精神支柱，我们的生活就会永远充实而不会感到空虚。

专注于一件事，你就会感到生活的美好，你就能完整地去体验人生的全部过程。一生只做一件事，一生做好一件事，一心一意地向着自己的目标奋进。那么，无与伦比的专注就一定会给你带来非比寻常的收获。

【让坏情绪不再纠缠你】

86版《西游记》中孙悟空的扮演者六小龄童说：“一生做好一件事，而把一件事做好的前提，则在于坚持，宁向西去一步死，绝不东归半步升。”一辈子的坚守不容易，一生只做好一件事更是许多人难以企及的目标。一生的坚守，其结果或许光彩夺目，惊天动地，也或许默默无闻，无人问津，但这过程中所展现的专注精神，都足以让人钦佩和动容。